U0882544

中等职业教育国家规划教材

全国中等职业教育教材审定委员会审定

焊接检验

第二版

张麦秋　主编

仲崇生　主审

化学工业出版社

·北京·

本教材为中等职业教育国家规划教材。

本教材以工作过程为导向设计课程项目，明确了单元课程任务，课程体系采用项目——任务的形式编写，各项目的现场教学任务与相关知识相对独立，使教学活动更加灵活。主要内容包括：绪论、焊接检验过程及质量控制、射线检测、超声波检测、磁粉检测及渗透检测。并介绍了相关无损检测的新技术、新工艺。

本书为中等职业教育焊接专业教材，亦可供从事无损检测技术工作的工程技术人员参考。

图书在版编目（CIP）数据

焊接检验/张麦秋主编．—2版．—北京：化学工业出版社，2008.6（2019.10重印）
中等职业教育国家规划教材
ISBN 978-7-122-03005-4

Ⅰ．焊… Ⅱ．张… Ⅲ．焊接-检验-专业学校-教材
Ⅳ．TG441.7

中国版本图书馆CIP数据核字（2008）第078092号

责任编辑：高　钰　　文字编辑：李　娜
责任校对：凌亚男　　装帧设计：刘丽华

出版发行：化学工业出版社（北京市东城区青年湖南街13号　邮政编码100011）
印　　装：北京虎彩文化传播有限公司
787mm×1092mm　1/16　印张6¼　字数144千字　2019年10月北京第2版第4次印刷

购书咨询：010-64518888　　售后服务：010-64518899
网　　址：http://www.cip.com.cn
凡购买本书，如有缺损质量问题，本社销售中心负责调换。

定　　价：25.00元

版权所有　违者必究

中等职业教育国家规划教材出版说明

为了贯彻《中共中央国务院关于深化教育改革全面推进素质教育的决定》精神，落实《面向21世纪教育振兴行动计划》中提出的职业教育课程改革和教材建设规划，根据教育部关于《中等职业教育国家规划教材申报、立项及管理意见》（教职成［2001］1号）的精神，我们组织力量对实现中等职业教育培养目标和保证基本教学规格起保障作用的德育课程、文化基础课程、专业技术基础课程和80个重点建设专业主干课程的教材进行了规划和编写，从2001年秋季开学起，国家规划教材将陆续提供给各类中等职业学校选用。

国家规划教材是根据教育部最新颁布的德育课程、文化基础课程、专业技术基础课程和80个重点建设专业主干课程的教学大纲（课程教学基本要求）编写，并经全国中等职业教育教材审定委员会审定。新教材全面贯彻素质教育思想，从社会发展对高素质劳动者和中初级专门人才需要的实际出发，注重对学生的创新精神和实践能力的培养。新教材在理论体系、组织结构和阐述方法等方面均作了一些新的尝试。新教材实行一纲多本，努力为教材选用提供比较和选择，满足不同学制、不同专业和不同办学条件的教学需要。

希望各地、各部门积极推广和选用国家规划教材，并在使用过程中，注意总结经验，及时提出修改意见和建议，使之不断完善和提高。

教育部职业教育与成人教育司
2001年10月

第二版前言

本教材是根据教育部颁布的中等职业学校焊接专业焊接检验教学大纲编写而成，适合中等职业教育焊接专业（3年制，40学时）使用。

本教材在编写过程中，根据焊接检验技术的发展状况，结合中等职业教育的特点、职业技术教育改革理念，以工作过程为导向设计课程项目，明确了单元课程任务，将课程设计为“训练中心”课程范型。课程体例采用项目——任务的形式编写，各项目的现场教学任务与相关知识相对独立，项目或任务完成后，有相关知识链接或素质拓展，跳出了传统教材学科体系的束缚，具有明显的职业教育特色。教学组织将从模式上产生重大的变化，针对每一个方面的问题，采用项目驱动，每一项目均以完成任务为目标，其理论知识为完成任务作支撑或拓展，针对性更强。同时，要求教师在组织教学时，应据现场具体情况进一步将任务细化，本着“态度、技能、知识”的原则，强调教学过程的“做、学、做、考（核）”，在保证本课程应具备的操作技能外，培养学生的工程观念、职业能力、关键能力及职业基本素养。

随着无损检测的发展和规范管理，焊接检验也在不断完善和规范。从2007年开始，无损检测人员资格认证完全与国际接轨，其中，一是将各种检测方法的检测对象确定为焊缝、锻件（含板、棒、型材）、铸件、管材和管道四个工业门类或综合性工业门类。二是资格证书只对相应工业门类有效，如焊缝超声检测2级资格证书，在单位只能做焊缝超声检测。三是对各种检测方法的检测对象作出了规定。①UT（超波检测）范围：焊缝，锻件（含板、棒、型材），铸件，管材与管道。②RT（射线检测）范围：焊缝，铸件。③MT（磁粉检测）范围：焊缝，锻件（含板、棒、型材），铸件。④PT（渗透检测）范围：焊缝，锻件（板、棒、型材），铸件。四是申请欧盟互认的考证人员所获得的中国无损检测学会颁发的无损检测人员资格证书能得到欧盟18个国家无损检测联盟的承认。五是无损检测人员资格证级别，由低到高用“1、2、3”级替代原来的“Ⅰ、Ⅱ、Ⅲ”级。另外，从2005年以来，焊接检验所执行的标准作了大量的修订，由于国家标准、行业标准等标准之间的衔接问题，应用时要注意针对性。本教材参照2级无损检测人员资格标准应具备的理论知识和实际技能，部分内容以《承压设备无损检测》标准为参考进行编写，请读者阅读时特别注意。

参加本教材编写工作的有，曹爱国（项目二）、何鹏飞（项目四、项目五）、张麦秋（绪论、项目一、项目三、综合练习），张麦秋任主编。

本书由南京化工职业技术学院仲崇生研究员级高工任主审。全国石油化工教学指导委员会主任王绍良、巴陵公司机械厂总工程师邱力佳参加了编写提纲的审定、教材的审稿，对本书的编写提出了许多宝贵意见，特此致谢。书中不妥之处，敬请各位读者批评指正。

编　者

2008年3月

第一版前言

本教材是根据教育部2000年颁布的《焊接检验教学大纲》（试行），同时参照无损检测人员初、中级资格考核标准编写而成，适合中等职业教育焊接专业（3年制，40学时）使用。

本教材在编写过程中，根据中等职业教育的特点，本着“够用、实用、注重能力”的原则，注意焊接检验基础知识的铺垫、重在探伤工艺及质量评定的介绍、突出探伤操作及标准应用的技能培养，同时适当介绍了现代焊接检验新技术、新工艺。目的是更有利于培养学生现场实际工作能力，引导学生追求新知识、新技术，培养创新精神。教材中带*内容为选修内容。

参加本教材编写工作的有，毕应利（绪论、第一章、实验六及实验七），李旭辉（第二章、实验一及实验二），张麦秋（第三章、第四章、第五章、实验三、实验四、实验五及实验八），张麦秋任主编。

本书经全国中等职业教育教材审定委员会审定，燕山大学崔占全教授担任责任主审，由崔占全教授、赵品副教授审稿。本书由四川省泸州化工学校王志斌任主审。全国石油化工教学指导委员会机械组主任王绍良以及全体参审人员对本书的编写提出了许多宝贵意见，特此致谢。书中不足之处，敬请各位读者批评指正。

编　者

2002年4月

目　录

绪 论

焊接检验是根据有关条例、规范、规程和技术标准，控制和检验焊接质量，使焊接结构满足设计和使用要求。先进的检测方法、严密的组织管理和较高素质的焊接检验人员，是实现现代化焊接工业产品的质量控制及安全运行的重要保证。

一、焊接检验的地位和作用

焊接技术在现代化产业部门的应用十分广泛，是与国计民生密切相关的实用技术。许多工业部门都对焊接技术提出新的要求，焊接量大，技术要求高，新的焊接材料、特殊的和现代的焊接方法不断被采用，焊接结构的使用条件也日趋苛刻。由于焊接结构件本身及应力分布的复杂性，在制造过程中很难杜绝焊接缺陷，在使用的过程中也会有新缺陷的产生，使焊接结构设备时常发生渗漏、破裂、爆炸等破坏性事故，这些事故将造成重大的损失甚至是灾难性的后果。所以焊接质量的控制已经引起相关部门的高度重视，并制定了相应的标准法规。为了确保焊接结构在制造和使用过程中安全、经济、可靠，焊接检验在焊接生产中起着举足轻重的作用。

焊接检验的主要作用如下。

① 确保焊接结构的制造质量，保证其安全运行。焊接检验对焊接生产过程的控制，可防止废品产生，避免不合格品出厂，确保焊接结构的安全可靠；在使用过程中对焊接结构进行监测，使焊接产品能在规定的使用条件下和预期的使用寿命内，焊接接头都不会发生破损，避免危险事故的发生，这是实施焊接检验的根本目的。

② 促进焊接技术发展，提高产品质量。焊接检验可以评定制造工艺是否正确。同时，在制订焊接工艺时也可预先制备试样，利用焊接检验技术选择最佳工艺程序，使焊缝达到规定质量等级的要求。

③ 提高生产率，降低产品成本。由于焊接检验贯穿于焊接生产的全过程，可以监督和考验材料的焊接性及焊接工艺的合理性，尽量避免出现产品的报废，从而降低原材料、能源的消耗和工时的浪费，达到提高生产率，降低成本的目的。

④ 由于有焊接检验的可靠保证，可促使焊接技术的更广泛应用。

二、焊接检验的基础工作

为了用全面质量管理的办法搞好焊接检验，必须做好以下几方面的基础工作。

① 质量教育工作。焊接检验的基本目的是保证产品质量。当技术条件一定时，人员的技术和业务素质决定产品的质量，因此企业必须定期对各级各类人员进行技术培训和质量管理知识教育。从一定意义上说，质量控制与检验始于质量教育，亦终于质量教育，即质量教育贯穿于质量管理的始终，需要不间断地坚持这一工作。要求检验操作人员必须先培训后上岗，要掌握被加工和检验对象的性能、工艺、检验方法等方面的知识和技能。

② 标准化工作。标准就是衡量事物的准则，这里指以文字形式表达的一种技术文件，包括管理标准和技术标准。一方面标准是衡量产品质量及各项工作的尺度；另一方面又是企业进行生产、技术管理、质量管理和检验工作的依据。

相关知识二 声发射检测技术和涡流检测技术

1. 声发射检测技术

声发射检测技术是利用材料或结构在外力或内力作用下，产生变形或断裂时发出的声发射信号，来确定缺陷的产生、运动和发展情况。声发射检测是一种动态的无损检测方法，即焊接结构、焊接接头或材料的内部缺陷处于运动变化过程中才能实施检测，因此利用声发射检测技术可以在焊接过程中对焊缝实行实时监控，及时确定缺陷的位置；还可以对运行中的焊接结构进行监测，当有危险性缺陷出现时能进行预报且及时停止运行，以防止重大事故的发生。声发射检测术已经被广泛应用于研究焊接工艺、保证焊缝质量和对一些重要焊接结构进行连续监视和评价。

2. 涡流检测技术

涡流检测技术它是给线圈通以变化的交流电，根据电磁感应原理，穿过金属块中若干个同心圆截面的磁通量将发生变化，因而会在金属块内感应出呈旋涡形状的交流电，如图 0-2 所示。

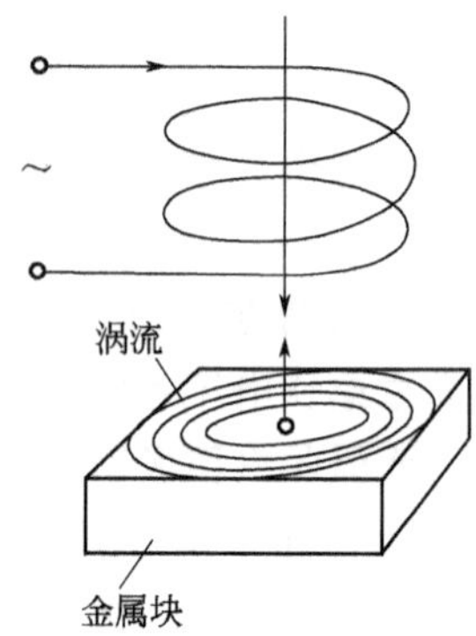

图 0-2 旋涡的产生

交变的涡流会在周围空间形成交变磁场，并具有表面电流密度最大，越到内部电流密度就越小的集肤效应。当试件存在缺陷时，涡流的流动将发生畸变，涡流检测装置即可将检测到的畸变信息，进行显示、记录、触发报警等，并判定试件中的有关缺陷。

由于集肤效应的影响，涡流检验只能检验金属材料的表面或近表面处缺陷。

思考与练习

1. 焊接检验的地位和作用是什么？
2. 作为一名焊工，应怎样对待焊接检验这项工作？
3. 在网上搜索焊接检验的相关标准名称及简介。

项目一　焊接检验过程及质量控制

焊接生产检验过程主要分为三个阶段，即焊前准备检验、焊接过程中的检验和焊后质量检验。做好焊前准备工作是为了减少或避免焊接缺陷的产生；焊接过程中的检验是保证产品质量，防止产生废品和返工的重要措施；焊后质量检验是最后验证产品质量能否达到设计要求，满足用户要求。

本项目要完成三项任务：掌握焊接检验过程及质量控制，掌握水压试验和致密性试验。

任务一　焊接检验过程及内容

焊接检验工作扩展到整个焊接生产和产品使用过程中去，才能更充分、更有效地发挥各种检验方法的积极作用，才能达到预防和及时防止缺陷所造成的废品和事故。

一、焊前质量控制

焊前质量控制是贯彻预防为主的方针，积极做好施焊前的各项准备工作，最大限度地避免或减少缺陷的产生，是保证焊接质量的前提。

（一）金属材料的检验

金属材料是制造焊接结构的基础材料，包括钢材、有色金属及合金，是焊接的对象，因此也称基本金属或母材。它们直接关系到产品的质量与安全，为保证金属材料使用的正确性，投料时应检查以下项目。

1. 检查投料单据

投料单据是材料发放出库的凭证，它包括领料单、拨料单、材质单。在材料发放进入车间的同时，投料单应及时转送到车间和检验站，检验人员应该核对该材料的投料生产号是否与所焊产品生产号一致，材料牌号、规格是否符合图样规定，并应有材料检验人员的印章或签字确认。当投料单据提供的材质和规格与图样不符时，应该办理材料代用或更改手续。

2. 检查实物标记

金属材料的实物标记应清楚、齐全，有入厂检验编号，金属材料的牌号、规格应与投料单据相符，与图样要求一致。

3. 检查实物表面质量

金属材料表面不应有裂纹、分层及超过标准规定的凹坑、氧化皮、划伤等缺陷。

4. 检查投料划线、标记移植

按图样或工艺要求，在划线的同时，必须进行标记移植，以便在生产过程中区别各部分材料的用处和避免用错或混用。检验人员应检查划线的正确性和标记移植的齐全性，并及时作好检验记录。

（二）焊接材料的检查

焊接材料的正确选择、管理和使用，是保证焊接质量的基本条件。应根据国标或相应标准及出厂要求对焊条、焊丝及焊剂进行严格检查验收。此外，在焊接材料投入生产前还应该检查以下项目。

1. 核对焊接材料的选用是否正确

焊接材料在出库领用前，应根据工作票和领料单核对焊接材料的牌号是否符合图样或技术条件的规定，审查焊接材料的规格是否符合工艺文件规定。当焊接材料牌号、规格不符合要求时，应办理焊接材料代用或焊接工艺更改手续。

2. 核对焊接材料实物标记

检查包装标记或焊接材料本身的标记，焊接材料的牌号和规格应符合选用要求。如焊条尾部牌号标记或涂色标记，焊丝盘挂牌或写字涂色标记等。合金钢焊丝可采用光谱分析实验。

3. 检查焊接材料表面质量

焊条、焊丝表面应无油污、无铁锈，焊条药皮应完好，无开裂、脱落及霉变等缺陷。

4. 检查焊接材料的工艺性处理是否符合要求

如焊条和焊剂的烘干温度及保温时间、焊丝除锈或酸洗处理、保护气体的预热和干燥处理等。

（三）坡口及装配质量的检查

1. 坡口的检查

V形坡口和U形坡口是焊接结构上最基本、最常见的坡口形式。通常采取车、铣、刨、割等方法加工。对坡口的质量检查项目及方法如下。

（1）检查坡口的加工质量　根据图样、工艺规程及技术标准的要求，检查坡口形状、尺寸及表面粗糙度。坡口面角度、钝边尺寸和根部半径可以用焊接检验尺和样板来测量，如图1-1所示。

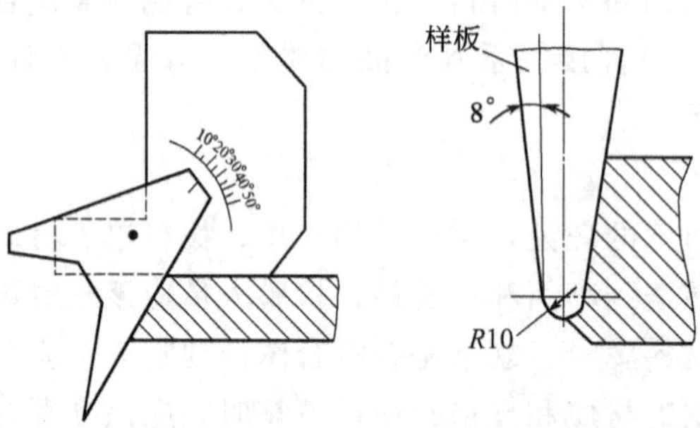

(a) 测量坡口角度　　(b) 用样板测量坡口形状

图1-1　测量坡口加工的形状和尺寸

（2）检查坡口清理质量　坡口的清理工作应放在组装之后或焊接之前进行，要求坡口及附近表面清理干净，无毛刺、熔渣、油、锈等杂物。

（3）坡口的探伤检查　对于屈服强度σ_s＞392MPa或Cr-Mo低合金钢的材料，用火焰加工坡口时，如果不采用预热切割工艺，则应对坡口面进行无损探伤检验，如发现裂纹，应及时处理。

2. 装配质量的检查

装配质量是决定焊接质量的重要环节。例如，装配间隙、错边量及装配工艺等对焊接质量都有较大影响。因此，焊前应对装配质量进行以下内容的检查。

（1）检查零部件之间的位置　零部件的相对位置和它们的空间角度应符合图样的规定及有关标准的规定。但焊接结构具有焊接变形的特殊性，因此，不能一味地按图样检验，要根据具体情况而定。

（2）检查焊缝的位置　焊缝的分布和位置应符合图样和工艺拼图的规定。

（3）检查坡口的形状、尺寸和方位　组装坡口的形状、间隙、错边量可以用焊接检验尺和样板测量检查，如图 1-2、图 1-3 所示。对于单侧单面开坡口的接头，应特别注意按图样检查坡口的装配方位，不要装错。

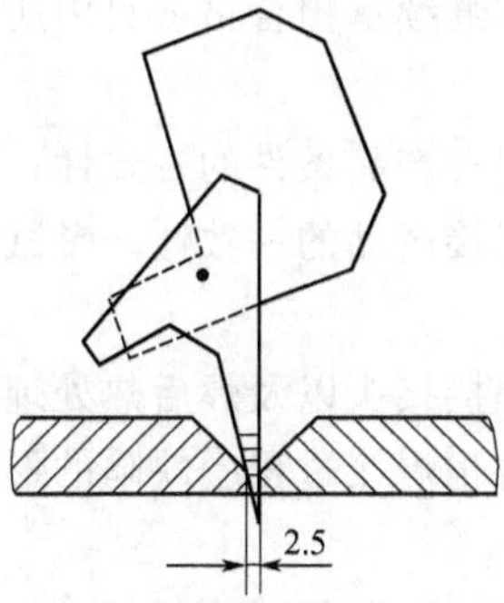

图 1-2　用焊接检验尺测量坡口间隙

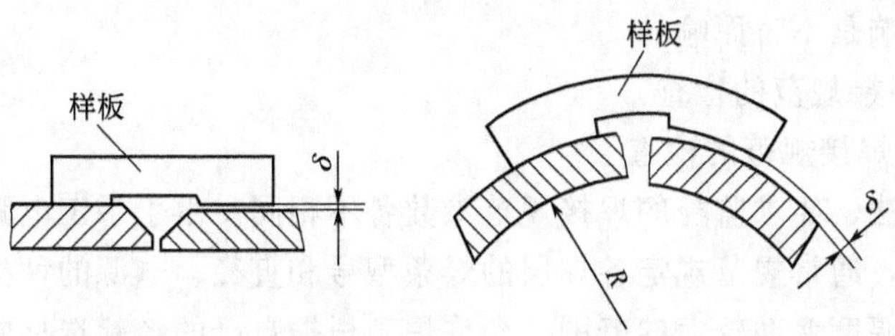

(a) 平板对接错边量的测量　(b) 用圆弧样板测量错边

图 1-3　用样板测量坡口的错边

（4）定位焊缝质量的检查　定位焊缝一般情况下作为主焊缝的一部分，不允许有裂纹、夹渣、气孔等焊接缺陷，若发现应及时清除。定位焊所用的焊接材料应与主焊缝一致。

（5）检验装配顺序　装配顺序应符合工艺规定。当焊接结构中存在隐蔽或阻碍焊接和检验的零部件时，应在完成内藏焊缝的焊接和检验工作后，再继续组装。

（6）检查装配件的材质　在装配工作结束进行焊接之前，对焊接件材质进行复核检验，这是焊前准备检验工作的继续，也是预防性检查方法之一，以避免因材质用错而造成焊缝返修。

（四）焊接工艺评定及焊接工艺规程的检查

焊接工艺评定就是用拟定的焊接工艺，按标准的规定来焊接试件、检验试样，测定焊接接头是否具有所要求的使用性能。是焊前质量控制的重要环节。焊接工艺规程是经过焊接工艺评定写出“焊接工艺评定报告”，结合实际经验制定焊接规程，作为焊接生产的依据。

1. 检查焊接工艺评定

主要检查焊接工艺评定是否遵循有关规定和技术标准，焊接工艺评定的项目是否与施焊产品一致。

2. 检查焊接工艺规程

主要检查焊接工艺规程是否在焊接工艺评定的基础上制订的，焊接工艺名称、焊接方法、母材和焊接材料的型号规格及具体的焊接参数等是否符合要求。

（五）焊工的检查

焊工的技术水平是决定焊接质量的重要因素。必须由经专业考试合格并取得合格证书的焊工施焊。质量监督人员应检验焊工的资格，即检验焊工合格证的下列内容。

1. 检查有效日期

从焊工考试合格之日起，计算有效期，不得超过规定期限（一般有效期为三年）；否则应重新进行考试，合格后才能允许继续承担合格项目内所覆盖的焊接工作。

2. 检查考试项目

检查焊接方法、焊接位置与焊接产品条件的一致性；检查考试钢材、焊接材料与产品的一致性；检查试样形式、规格与焊接产品的一致性。考试项目与产品不符者，不允许焊接。

二、焊接过程检验

从焊接开始到焊接结束形成焊接接头以及焊后热处理的整个过程叫焊接过程。在此过程中，检验人员应随时巡视现场，防止焊接过程中缺陷的形成，及时发现缺陷。

（一）焊接环境的检查

在许多情况下，焊接工作是在露天条件下进行的，如船舶建造、桥梁、大型储罐、长距离输油输气管道施工等，焊接过程在相当程度上受到季节、地域位置及气象的影响，这些因素对焊接质量的影响是不言而喻的。

（二）施焊时焊接规范的检查

1. 手工电弧焊焊接规范的检查

不同的焊接方法，要求监控的焊接规范参数各不相同。由于手工电弧焊在很大程度依赖于焊工的熟练程度，通常规范规定各焊层的焊条型号和直径、电源的种类和极性等，焊接电流则只规定了一个幅度变动较大的范围，允许焊工根据自己的经验选择施焊电流。

2. 埋弧自动焊焊接规范的检查

埋弧自动焊检查的焊接规范参数主要包括焊接电流、电弧电压、焊接速度、焊丝直径等。由于埋弧自动焊是通过机械装置实现焊接自动化，一旦调整好各焊接参数，焊机将比较稳定地运转，因此检查的重点应放在焊接过程开始或在重新调整焊接规范之后，发现问题，及时调整。

3. 气体保护焊焊接规范的检查

由于气体保护焊类型各异，需要检查的工艺参数各不相同，除各自对应于一般手工电弧焊和埋弧自动焊相同的参数外，各种气体保护焊所共同需检查的工艺参数是保护气体的流量及混合气的混合比，这些参数对保证气体保护焊焊接过程的正常运行是十分重要的。

（三）焊接材料的检验

正确使用焊接材料，加强焊材库的管理，严格执行焊接材料烘干、领用、回收制度，是保证焊接接头的性能达到设计要求的重要手段。在施焊过程中，应根据焊接材料的固有特征和焊缝外观特征复查使用的焊接材料是否正确，同时要检查烘干记录、领用手续，焊接材料是否随用随取，现场是否使用焊条保温筒，能否做到及时回收剩余焊条及用过的焊条头，并做好回收记录。

（四）预热及后热的检查

1. 预热的检查

焊接预热的检查主要是检查预热方法、预热范围、预热温度。在焊接过程中，应根据工件的温度变化情况，随时测量、调节预热温度。

2. 后热的检查

检查时必须注意以下几点。

① 必须在焊缝完全冷却之前，通常在100℃以上就及时加热。

② 控制加热温度，后热处理的加热温度为200～350℃，加热温度过低，消氢效果不佳；加热温度过高会使某些低合金钢产生回火脆性。因此应检查实际加热温度是否符合要求。

③ 在规定的加热温度下要保持足够时间，一般为3～4h。

④ 检查加热宽度，要求焊缝每侧加热宽度不小于板厚的5倍，且不小于100mm。

⑤ 检查热源撤除后是否采取了良好的保温措施。

（五）焊接顺序的检查

由于施焊的顺序和方向影响着焊接接头的成形和质量，因此要注意检查焊接顺序和方向是否符合工艺要求。

（六）焊道表面质量的检查

每一次熔敷所形成的一条单道焊缝称为焊道。在焊接过程中，应注意观察焊道成形过程和检验焊道表面质量、焊道宽度、焊道波纹及焊道在焊层的分布是否处于理想状态。焊道表面不应有裂纹、夹渣等焊接缺陷，以便在多道焊或多层焊中，有利于焊道的搭接，不产生缺陷叠加，从而保证产品的焊缝质量。

（七）焊接试板的检查

对焊接试板检验的重点是试板的制备是否按有关技术标准的规定进行，如压力容器产品应按《压力容器安全技术监察规程》的要求焊制试板。

三、焊接结构的成品检验

焊接结构的成品检验即焊后质量检验，是焊缝及接头各项质量要求是否达到标准的关键检验环节，是整个检验工作的重点。

（一）几何尺寸的检验

焊接结构的外形尺寸分为两类：一类是图样上直接给出的公差的尺寸，另一类是图样上不标公差的尺寸（即自由公差）。检验前者，直接按图样要求进行检查，对后者应根据不同行业和产品的有关标准进行检验。常用的量具有平直尺、钢卷尺、游标卡尺、塞尺以及各种检测样板等。

（二）焊缝的外观检验

1. 焊缝的目视检验

目视检验的项目见表1-1。

表1-1　焊缝目视检验的项目

序号	检验项目	检验部位	质量要求
1	清理质量	所有焊缝及其边缘	无熔渣、飞溅及阻碍外观检查的附着物
2	几何形状	焊缝与母材的连接处	焊缝完整不得有焊漏，连接处应圆滑过渡
		焊缝形状和尺寸急剧变化的部位	焊缝高低、宽窄及结晶鱼鳞波应均匀变化
3	焊接缺陷	1. 整条焊缝及热影响区附近 2. 重点检查焊缝的接头、收弧及形状和尺寸突变部位	1. 无裂纹、夹渣、焊瘤、烧穿等缺陷 2. 气孔、咬边应符合有关标准规定
4	伤痕补焊	装配拉肋板拆除部位	无缺肉及遗留焊疤
		母材引弧部位	无表面气孔、裂纹、夹渣、疏松等缺陷
		母材机械划伤部位	划伤部位不应有明显棱角和沟槽，伤痕深度不超过有关标准的规定

2. 焊缝尺寸的检验

① 对接焊缝尺寸的检验。检查对接焊缝的尺寸主要就是检查焊缝的余高 E 和焊缝宽度 B，其中又以焊缝余高为主。因为，现行的一般标准只对焊缝的余高有明确定量的规定和限制，而对焊缝宽度无定量规定，只要焊缝宽窄较均匀即可。

检查对接焊缝尺寸的方法是用焊接检验尺测余高 E 和焊缝宽度 B，如图 1-4、图 1-5 所示。

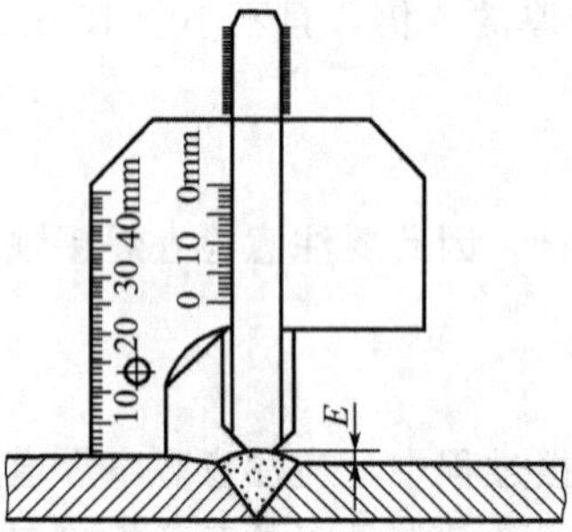

图 1-4　用焊接检验尺测量焊缝余高

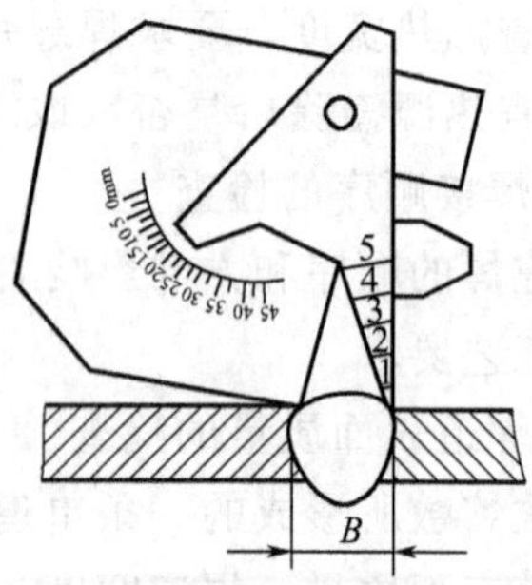

图 1-5　用焊接检验尺测焊缝宽度

当工件存在错边时，测量焊缝的余高以表面较高一侧为基准计算；当组装工件厚度不同时，测量焊缝余高应以表面较高一侧母材为基准进行计算，或保证两侧母材呈圆滑过渡。

② 角焊缝尺寸的检查。角焊缝尺寸包括计算厚度、焊脚尺寸、凸度和凹度等，如图 1-6 所示。测量角焊缝的尺寸主要是测量焊脚尺寸 K_1、K_2 和角焊缝厚度 a。用焊接检验尺测量焊脚尺寸如图 1-7 所示。也可采用自制的随形样板进行测量。如图 1-8 所示。

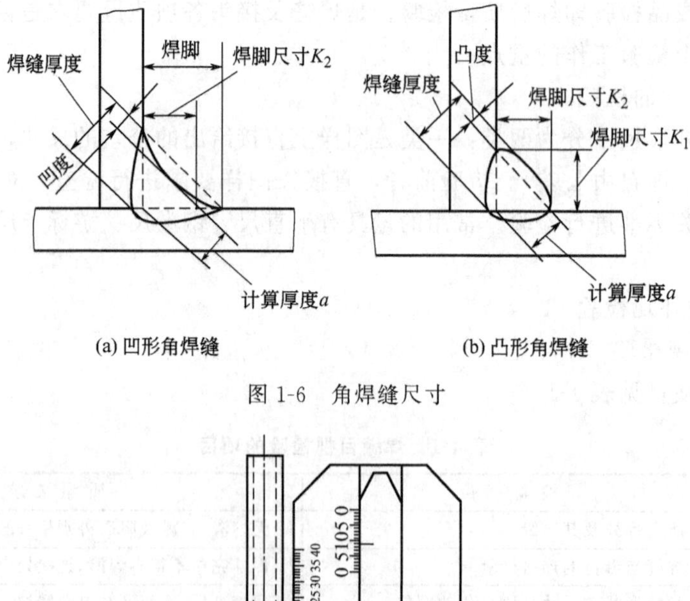

图 1-6　角焊缝尺寸

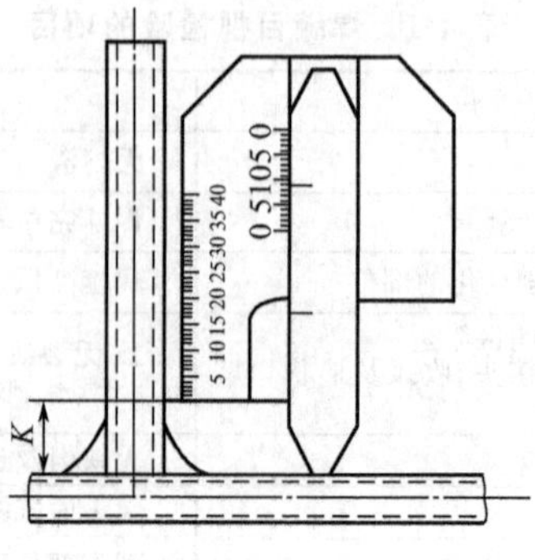

图 1-7　用焊接检验尺测量焊脚尺寸 K

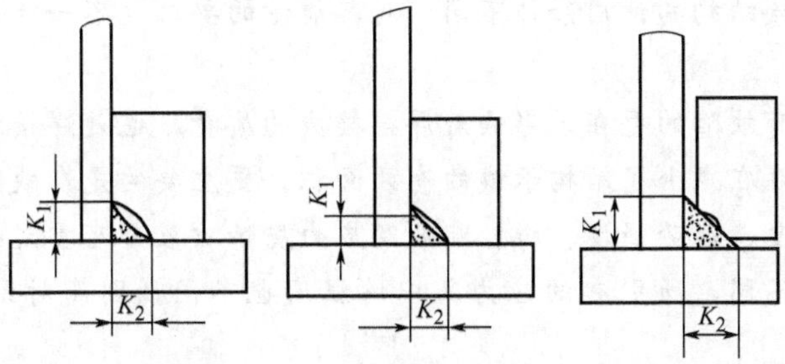

(a) K_1、K_2符合要求　(b) K_1、K_2尺寸偏小　(c) K_1、K_2尺寸太大

图 1-8　用样板测量焊脚尺寸 K_1、K_2

多数情况下，图样只标注焊脚尺寸，当图样标注角焊缝厚度时，不但要求实物角焊缝厚度符合尺寸 a，而且还要求焊脚尺寸 $K_1=K_2$，因为只有 $K_1=K_2$ 时才能准确测量出 a 值。角焊缝焊缝厚度的测量方法如图 1-9 所示。

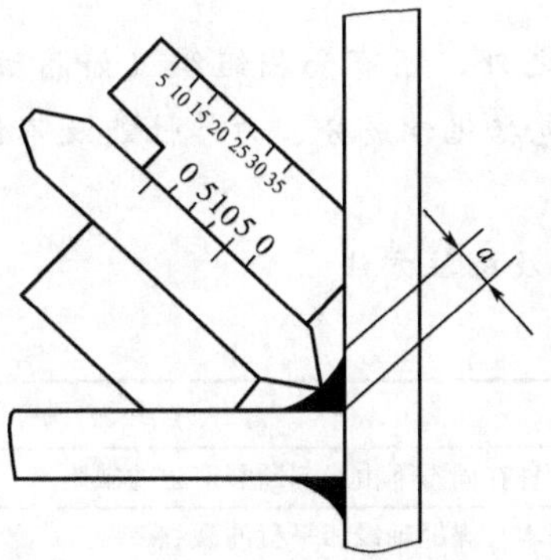

图 1-9　用焊接检验尺测量角焊缝厚度 a

在检查角焊缝的凸度和凹度时要注意，更换焊条部位搭接过大，起弧点焊接速度过慢，则产生过大的凸度；搭接不上，起弧点焊接速度快，则产生凹度。若有严重的凸度和凹度，应及时修磨或补焊。

（三）焊缝的强度检验及致密性检验

对于化工机械产品，需检验强度和致密性。常用的强度检验方法有水压试验、气压试验和其他液体试验。致密性试验的试验方法有气密性试验、煤油试验、载水试验、氨检漏试验等。水压试验、气密性试验（氨检漏试验也用得多）分别是强度和致密性试验最常用的试验方法。

（四）理化性能检验

检验人员应监督试板焊接和现场取样工作，按有关标准规定检查是否符合要求。

相关知识一　焊接缺欠与缺陷

（一）基本概念

根据 GB/T 6417.1—2005（ISO 6520—1：1998）《金属熔化焊接头缺欠的分类及说明》规定，在焊接接头中因焊接产生的金属不连续、不致密或连接不良的现象称为焊接缺欠，简称缺欠。并规定超过规定极限的缺欠称为焊接缺陷。

在焊接结构中要获得无缺陷的焊接接头，在技术上是相当困难的，也是不经济的。为了满足焊接结构的使用要求，应该把焊接缺陷限制在一定的范围之内，使其对焊接结构的运行不产生危害。由于焊接结构的使用条件不同，对其质量的要求也不一样，因而对缺陷的容限范围也不相同。

焊接结构中由于有缺陷的存在，影响着焊接接头的质量，也是焊接结构破坏的主要原因之一。因为，缺陷的存在减小了结构承载的有效面积，更主要的是在缺陷周围产生了应力集中，对结构的静载强度、疲劳强度、脆性断裂及应力腐蚀破裂都有重大的影响。由于缺陷的种类、形态、数量的不同，所引起的应力集中的程度也不同，因而对结构的危害程度也不一样。

（二）焊接缺陷的分类

焊接缺陷的种类很多，有熔化焊产生的缺陷，也有压焊、钎焊产生的缺陷。本书只介绍熔化焊产生的缺陷的分类。

根据GB/T 6417.1—2005《金属熔化焊接头缺欠的分类及说明》规定，可将熔化焊缺欠分为六类：裂纹、孔穴、固体夹杂、未熔合和未焊透、形状和尺寸不良、其他缺欠。同样，焊接缺陷也分为六类。

熔化焊缺陷除了以上六种之外，还有金相组织（如晶粒粗大、金相组织的成分不合格等）及焊接接头的理化性能（包括化学成分、力学性能及不锈钢焊缝的耐腐蚀性能等）等不符合要求的缺陷。

（三）金属熔化焊缺陷说明及标注方法

1. 裂纹

类型	代号	说明
裂纹	100	一种在固态下由局部断裂产生的缺陷
纵向裂纹	101	基本与焊缝轴线相平行的裂纹
横向裂纹	102	基本与焊缝轴线相垂直的裂纹
放射状裂纹	103	具有某一公共点的放射状裂纹
弧坑裂纹	104	在焊缝弧坑处的裂纹
间断裂纹群	105	一群在任意方向间断分布的裂纹
枝状裂纹	106	源于同一裂纹并连在一起的裂纹群

2. 孔穴

类型	代号	说明
孔穴	200	
气孔	201	残留气体形成的孔穴
球形气孔	2011	近似球形的孔穴
均布气孔	2012	均匀分布在整个焊缝金属中的一些气孔
局部密集气孔	2013	呈任意几何分布的一群气孔
链状气孔	2014	与焊缝轴线平行的一串气孔
条形气孔	2015	长度与焊缝轴线平行的非球形长气孔
虫形气孔	2016	因气体逸出而在焊缝金属中产生的一种管状气孔穴
表面气孔	2017	暴露在焊缝表面的气孔
缩孔	202	由于凝固时收缩造成的孔穴
结晶缩孔	2021	冷却过程中在树枝晶之间形成的长形收缩孔，可能残留有气体
弧坑缩孔	2024	焊道末端的凹陷孔穴，未被后续焊道消除

3. 固体夹杂

类　　型	代号	说　　明
固体夹杂	300	在焊缝金属中残留的固体杂物
夹渣	301	残留在焊缝金属中的熔渣
焊剂夹渣	302	残留在焊缝金属中的焊剂渣
氧化物夹杂	303	凝固时残留在焊缝金属中的金属氧化物
金属夹杂	304	残留在焊缝金属中的外来金属颗粒

4. 未熔合及未焊透

类　　型	代号	说　　明
未熔合	401	焊缝金属和母材或焊缝金属各焊层之间未结合的部分
未焊透	402	实际熔深与公称熔深之间的差异
根部未焊透	4021	根部的一个或两个熔合面未熔化

5. 形状和尺寸不良

类　　型	代号	说　　明
形状不良	500	焊缝的外表形状或接头的几何形状不良
咬边	501	母材（或前一道熔敷金属）在焊趾处因焊接而产生的不规则缺口
焊缝超高	502	对接焊缝表面上焊缝金属过高
凸度过大	503	角焊缝表面上焊缝金属过高
下塌	504	过多的焊缝金属伸出了焊缝的根部
焊缝形面不良	505	母材金属表面与靠近焊趾处焊缝表面的切面之间的夹角 α 过小
焊瘤	506	覆盖在母材金属表面，但未与其熔合的过多焊缝金属
错边	507	两个焊件表面应平行对齐时，未达到规定的平行对齐要求而产生的偏差
角度偏差	508	两个焊件未平行（或未按规定角度对齐）而产生的偏差
下垂	509	由于重力而导致焊缝金属塌落
烧穿	510	焊接熔池塌落导致焊缝内的孔洞
未焊满	511	因焊接填充金属堆敷不充分，在焊缝表面产生纵向连续或间断的沟槽
焊脚不对称	512	
焊缝宽度不齐	513	焊缝宽度变化过大
表面不规则	514	表面粗糙过度
根部收缩	515	由于对接焊缝根部收缩产生的浅沟槽
根部气孔	516	在凝固瞬间焊缝金属析出气体而在焊缝根部形成的多孔状孔穴
焊缝接头不良	517	焊缝再引弧处局部表面不规则
变形过大	520	由于焊接收缩和变形导致尺寸偏差超标
焊缝尺寸不正确	521	与预先规定的焊缝尺寸产生偏差
焊缝厚度过大	5211	焊缝厚度超过规定尺寸
焊缝宽度过大	5212	焊缝宽度超过规定尺寸
焊缝有效厚度不足	5213	角焊缝的实际有效厚度过小
焊缝有效厚度过大	5214	角焊缝的实际有效厚度过大

6. 其他缺陷

类型	代号	说明
其他缺陷	600	1～5 未包含的所有其他缺陷
电弧擦伤	601	由于在坡口外引弧或起弧而造成焊缝邻近母材表面处局部损伤
飞溅	602	焊接（或焊缝金属凝固）时，焊缝金属或填充材料崩溅出的颗粒
表面撕裂	603	拆除临时焊接附件时造成的表面损坏
磨痕	604	研磨造成的局部损坏
凿痕	605	使用扁铲或其他工具造成的局部损坏
打磨过量	606	过度打磨造成工件厚度不足
定位焊缺陷	607	定位焊不当造成的缺陷
双面焊道错开	608	在接头两面施焊的焊道中心线错开
回火色	610	在不锈钢焊接区产生的轻微氧化表面
表面鳞片	613	焊接区严重的氧化表面
焊剂残留物	614	焊剂残留物未从表面完全消除
残渣	615	残渣未从表面完全消除
角焊缝的根部间隙不良	617	被焊工件之间的间隙过大或不足
膨胀	618	凝固阶段保温时间加长使金属发热而造成的缺陷

7. 缺陷的标注方法

需要对缺陷做标注时，应采用“缺陷＋标准编号＋代号”的方式表示。如裂纹（100）标为：缺陷 GB/T 6417.1—100。

相关知识二　焊接环境要求

当焊接环境出现下列情况时，需采取防护措施才能进行焊接。

① 手工电弧焊时风速大于 10m/s，气体保护焊时风速大于 2m/s。

② 氩弧焊封底焊缝，风速应控制在以电弧燃烧和不产生气孔等焊接缺陷为佳。

③ 相对湿度大于 90%。

④ 雨雪环境。

⑤ 当焊接湿度低于 0℃时，应在始焊处 100mm 范围内预热到 15℃左右。

相关知识三　预热和后热

在焊接开始前，对焊件进行加热的工艺措施称为预热。氢的聚集、淬硬组织的产生和应力的存在是导致冷裂纹的主要原因，预热则可避免或减缓裂纹的产生。一般情况下，允许预热温度略高于工艺条件所规定的温度，使之有足够的散热余量，以保证焊接过程中，工件不至于冷到小于规定的预热温度。

焊接后立即对焊件全部或局部进行加热或保温，使其缓冷的工艺措施称为后热。后热处理的主要作用是加快焊缝中氢的逸出，防止产生延迟裂纹。

相关知识四　焊接试板

焊接试板是模拟产品或构件的制造技术条件或在焊制产品时，随产品的纵焊缝连续焊制而成的试验板、管接头或管板。是为了某些焊接接头需进行破坏性检验如机械性能、金相、理化检验，或者焊接接头需达到某些力学性能又无法直接在产品上检验（如压力容器或其他产品）而制作的。因此，试板的质量代表产品的质量，试板的检验结果反映产品的焊接质量。

生产过程中采用的试板主要有工序试板和产品试板两种。

相关知识五 目视检验

目视检验分为直接目视检验和间接目视检验两类。直接目视检验用于眼睛能充分接近被检物体，直接观察和分辨缺陷形貌的场合。在检验过程中，采用适当的照明，利用反光镜调节照射角度和观察角度，或借助于低倍放大镜观察，以提高眼睛发现缺陷和分辨缺陷的能力。间接目视检验用于眼睛不能接近被检物体必须借助于望远镜、内孔管道镜、照相机等进行观察的场合。

相关知识六 整体检验

整体检验包括强度检验和致密性检验及理化性能检验。

焊缝的强度检验和致密性检验是对焊接结构整体强度和密封性进行的试验，是对整体焊接质量的综合性考核。

理化性能检验主要包括焊接接头的机械性能检验、化学成分分析检验和金相检验。机械性能检验的内容又包括拉伸试验、弯曲试验和冲击试验等。理化性能检验属破坏性检验，不直接在交付使用的产品上制取试用的试样，而是通过制备产品试板或模拟焊接生产条件制作其他试板，然后根据要求，从样板上切取和加工各种试样来测定所要求的检验项目。

思考与练习

1. 焊接质量检验可分为哪几阶段的检验？每个阶段的主要内容是什么？
2. 焊接预热及后热的目的是什么？
3. 用焊接检验尺实测焊接件并写出报告。

任务二 水压强度试验实训

一、目的

了解焊接压力容器水压强度试验方法，掌握焊接压力容器水压强度试验的操作过程，明确焊接压力容器水压强度试验的目的及合格标准。

二、原理

当焊接压力容器内的水压（试验压力）略高于设计压力时，若焊接接头无漏、渗水或其他异常现象，则证明焊接接头的强度能满足设计和使用要求。

三、设备与器材

1. 压力容器一台（容积1～2m^3，耐压≥0.5MPa，碳钢或16MnR）
2. 试压泵一台
3. 压力表两块（量程为试验压力的1.5～3倍，精度等级1.5级，表盘直径≥100mm）
4. 试验用管路及阀门若干
5. 供水装置（能将试验用容器注满水及供试压泵用水）
6. 空气压缩机一台

四、步骤与规范

按图1-10安装好试验装置。装好后由指导教师确认试验装置符合要求，试验场地及防护措施符合要求，试验环境符合要求（环境温度不低于5℃），确认后方可进行下列工作。

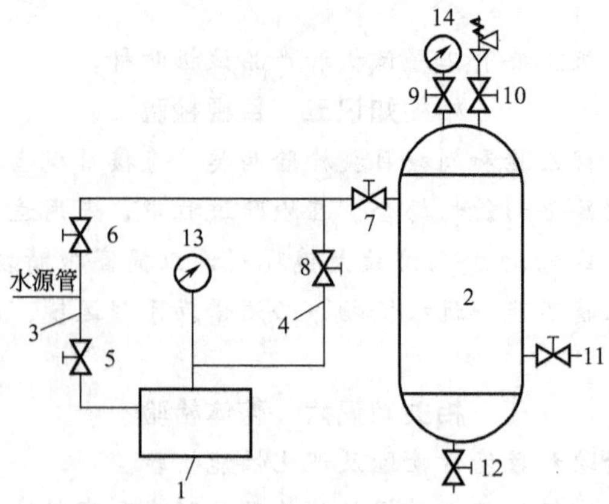

图 1-10 水压强度试验示意图

1—试压泵；2—压力容器；3—供水管线；4—试压管线；5～12—阀门；13,14—压力表

① 将压力表 14 拆下作为放气口（放气口应选择在容器最高位置，以保证滞留在容器内的气体彻底排净，使容器充满水）。关闭阀门 10、11、12，打开阀门 9、7、6，开始向容器注水。当水从阀门 9 溢出时，关闭阀门 6，此时水已经注满。

② 将压力表 14 装好，打开阀门 5，向试压泵注水，当水位超过试压泵吸水管时（试压泵工作时，要始终保持泵内的水位超过吸水管），打开阀门 8，启动试压泵，开始向容器内加压。加压要保持容器内的压力平稳而缓慢地上升。当容器内压力升至设计压力时暂停升压并进行检查，确认无泄漏和其他异常现象后继续下一步操作。

③ 继续启动试压泵，使容器内的压力缓慢升至试验压力。加压时间不少于 5min。在此压力下保压 10～30min，升压时试验人员不应接近容器，以免容器破坏伤人。记录下试验压力及保压时间。

④ 将压力降至设计压力下，保压 30min，进行检查各部位有无泄漏或其他异常现象，作好记录。

⑤ 将水全部放净，用压缩空气将容器内表面吹干。

五、实训报告要求

按下列要求写出报告：名称、试验容器名称及设计压力、试验介质、压力表量程及精度等级、试验压力及保压时间、检查压力及保压时间、试验结果、试验人员、试验日期。

相关知识 水压试验基本知识

一、水压试验前的准备

① 进行水压试验的产品，焊接工作必须全部结束。焊缝的返修、焊后热处理、力学性能及无损检验必须全部合格。

② 受压元件充灌水之前，药皮、焊渣等杂物必须清理干净。

③ 根据容器的试验压力选择压力表的量程和精确度，并要求表盘直径不小于 100mm，量程选用试验压力的 1.5～4 倍，最好是 2 倍。压力表的精度按表 1-2 选择。使用的压力表应半年校验一次，并有铅封标记。

二、水压试验的规范

水压试验规范包括环境温度、水的温度及试验压力、保压时间等。具体要求如下。

① 环境温度应高于 5℃，低于 5℃时要采取防冻措施。

表 1-2　压力表精度的选择

工作压力(设计压力)/MPa	精　度
＜2.45	不低于 2.5 级
≥2.45	不低于 1.5 级

② 水的温度应高于钢材的脆性转变温度，但不能太高，以防止汽化，否则渗漏检查难以发现。一般情况下使用水的温度在 20～70℃之间。

③ 试验压力。具体试验压力应查相关标准，如压力容器查 GB 150—1998 确定。

三、试验方法

① 试验时容器的顶部应设排气口，充水时将容器内的空气排尽。在充满水后至密封加压之前要停留一段时间，以便让水中的小气泡充分逸出。

② 试验时升压或降压应缓慢进行。当达到试验压力后，保压时间一般不少于 30min。然后将压力降至设计压力并保持足够长时间，以便对焊缝所有部位进行检查。经检查无渗漏和变形现象为合格，如有渗漏，修补后重新试验。

③ 对于夹套容器，应先进行内筒试验，合格后再焊夹套，然后进行夹套的水压试验。

④ 水压试验结束后，应将容器内水排尽并用压缩气体将内部吹干。

思考与练习

1. 在第一次保压检查阶段，若压力表指数有变化而检查无异常及泄漏，试分析其原因。

2. 用两种方法查相关标准确定水压试验、气压试验的试验压力。

任务三　致密性试验实训

一、目的

了解焊缝气密性试验方法的原理，掌握焊缝气密性试验方法的操作过程，明确气密性试验的目的及合格标准。

二、原理

气密性试验是致密性检验的一种试验方法。其原理是在容器内充满压缩气体，当达到试验压力（根据容器的设计压力或最高工作压力确定）后，对容器焊缝、连接密封部位及其他可能发生泄漏的地方喷涂含泡沫剂的水溶液，如有泄漏，则泄漏处将有气泡溢出。

三、设备与器材

1. 压力容器一台（容积 1～2m³，耐压≥0.5MPa，碳钢或 16MnR）

2. 空气压缩机一台

3. 压力表两块（量程为试验压力的 1.5～3 倍，精度等级 1.5 级，表盘直径≥100mm）

4. 试验用管路及阀门若干

5. 毛刷、含泡沫剂的水溶液（可选择肥皂水）

四、步骤与规范

按图 1-11 安装好试验装置。装好后由指导教师确认试验装置符合要求，试验场地及防护措施符合要求，试验环境符合要求（环境温度不低于 5℃），确认后方可进行下列工作。

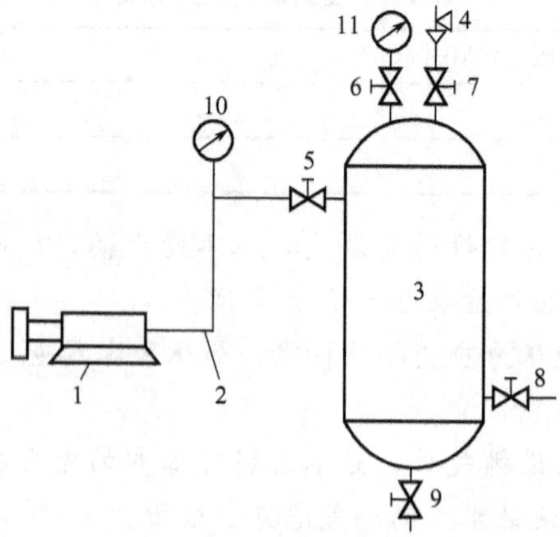

图 1-11 压力容器致密性试验示意图

1—空气压缩机；2—试压管路；3—压力容器；4—安全阀；5～9—阀门；10,11—压力表

① 接通空气压缩机电源，采用水冷却的压缩机应接通水源。保证空气压缩机处于正常工作状态。

② 关闭阀门 8、9，打开阀门 5～7，启动空气压缩机对压力容器加压。当容器内压力达到试验压力的 10%且不小于 0.1MPa 时，停止升压，关闭阀门 5，保压 10～30min，用毛刷蘸含泡沫剂的水溶液刷涂焊缝及可能泄漏处，确认有无泄漏或其他异常现象。

③ 对上步操作中的试验压力、保压时间及检查结果做记录。

④ 如确认无泄漏和异常情况，继续升压，升压分级逐步提高，每级可为试验压力的 10%～20%，至达试验压力。分别记录试验压力、保压时间及检查结果。

⑤实验结束后，打开安全阀，放尽容器内气体。

五、实训报告要求

按下列要求写出报告：名称、试验容器名称及其设计压力、试验介质、环境温度、压力表量程及精度等级、试验压力及保压时间记录表、试验结果、试验人员、试验日期。

相关知识 致密性试验基本知识

致密性试验是用以检查容器本体焊缝与其联结的接口之间的致密性，气密性试验是致密性检验的一种试验方法。气密性试验一般是在水压试验合格后进行，用以检查容器本体焊缝及其相联结的接口之间的致密性。对于已经做过气压试验，并且检查合格的容器，可免做气密性试验。

一、致密性试验前的准备

① 试验现场应划定安全保护区，要有明显的安全标志和可靠的防护措施，且有专门的人员现场指挥。

② 试验前将容器内的介质清理干净。

③ 试验用的压力资源，应放于可靠、便于操纵的地点。试验用的压力表的量程精度与刻度，必须与试验要求相匹配。

二、致密性试验的规范

① 试验用压力资源的额定出口装置及流量，应与所试验的压力容器的相关参数相适应。

② 试验的环境温度不低于 5℃。

③ 试验的压力。具体试验压力应查相关标准，如压力容器查 GB 150—1998 确定。

三、试验方法

① 缓慢通气，达到试验压力的10%应暂停通气，用毛刷蘸发泡剂，对连接密封部位及焊缝进行检查，若无泄漏或异常现象可继续升压。

② 升压应分级逐步提高，每级一般可为试验压力的10%～20%，每级之间应适当保压，保压时间不小于10～30min，以观察有无异常现象。

③ 在升压过程中严禁工作人员在现场作业或检查工作。

思考与练习

1. 升压时为何采取分级逐步提高的方式，且压力每升高一次都要保压一段时间？
2. 试验现场为什么要划定安全保护区，而水压试验没有此要求？

项目二　射线检测

射线检测（RT）是利用各种射线对材料的透射性能和不同材料对射线的吸收、衰减程度的不同，来发现缺陷的一种检测方法。它可检验金属和非金属及其制品的内部缺陷。它具有检验缺陷的直观性、准确性和可靠性，且射线底片可作为质量凭证存档。但此法设备复杂，成本高，并应注意射线防护。

本项目包括五项任务，了解射线检测原理与方法、掌握射线照相法检测及底片的评定、完成射线照相法检测实训及底片的评定实训。

任务一　射线检测原理与方法

射线检测按其所使用的射线源不同，分为 X 射线检测、γ 射线检测和高能 X 射线检测等，按其显示缺陷方法不同，又可分为射线电离法检测、射线照相法检测、射线实时图像法检测和射线计算机断层扫描技术等。

一、射线检测原理

射线检测的实质是利用射线能穿透物质，且在穿透不同物质（如被检物中有缺陷）时对其衰减程度不同，因而在透过的射线中强度存在差异，使缺陷能在 X 光感光胶片或 X 光电视屏上显示出来，供人们分析判断被检物中的缺陷情况。

二、射线检测方法

（一）射线照相法检测

如图 2-1 所示，检测时当照射在工件上的射线强度为 I_0，由于工件材料对射线的衰减，因此穿出来的射线被工件减弱。若工件存在缺陷，如图中 A、B 点，因该两点的射线透过工件的实际厚度减少，则透过的射线强度比无缺陷的 C 点大。底片经暗室处理后，感光量大的地方较黑，如 A、B 两点比 C 点为黑。然后根据底片上影纹的浓淡即可判别有无缺陷存在，这就是射线检测照相法的检测原理。从图 2-1 中还可看出，缺陷 A 和 B 虽是大小相同的缺陷，但由于它与射线的相对位置不同，因此，在底片中缺陷影像的黑度就不同。当缺陷

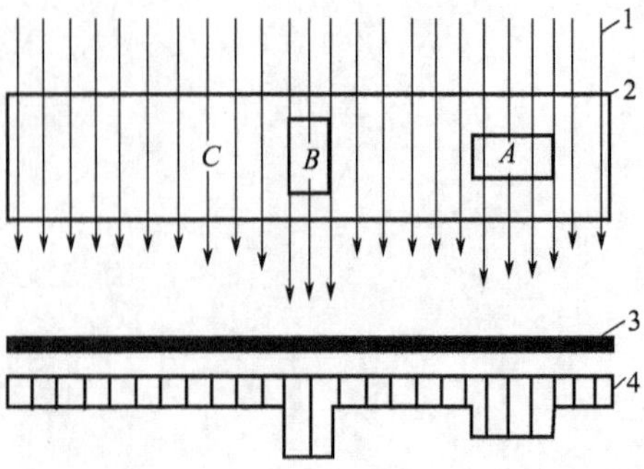

图 2-1　射线照相法探伤原理示意图

1—X 射线；2—工件；3—胶片；4—底片黑度变化

在射线方向上的长度大时，其黑度就大，否则就小。因此像裂纹这样的缺陷，如果其方向与射线方向平行，则容易发现，如果垂直则不易发现，甚至不能显示出来。故检测员应掌握焊接缺陷产生的机理和特征，以便正确选择探照方式。照相法显示缺陷效果较好，目前运用最广。

（二）射线实时图像法检测

射线实时图像法检测是工业射线检测很有发展前途的一种新技术，与传统的射线照相法相比具有实时、高效、不用射线胶片、可记录和劳动条件好等特点。目前能实现缺陷实时图像法检测的技术主要有三类。

1. 射线荧光屏观察法

射线荧光屏观察法是将透过被检件后的不同强度的射线，再投射到涂有荧光物质的荧光屏上，即发出不同强度的荧光而得到工件内部的影像。其主要设备由X光机、荧光屏、观察设备和记录设备、防护及传送工件的装置等几部分组成，如图2-2所示。

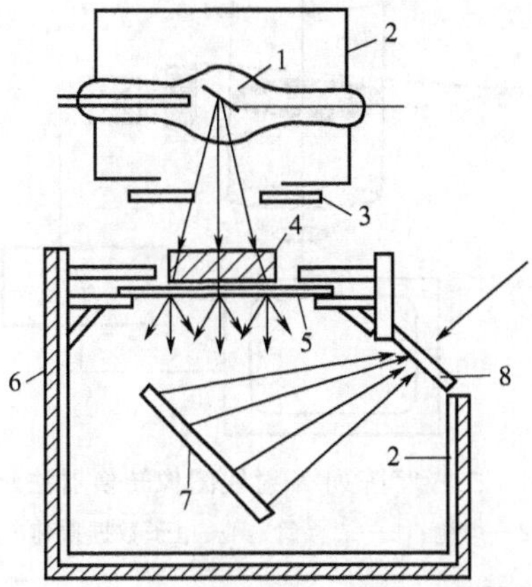

图2-2 射线荧光屏观察法示意图

1—X射线管；2—防护罩；3—铅遮光罩；4—工件；5—荧光屏；6—观察箱；7—平面反射镜；8—铅玻璃

荧光屏观察法与照相法不同之处是采用荧光屏，同时缺陷的图像不是底片上的黑色的影像，而是荧光屏上的发光的图像，能立即得出结果，并能对工件进行连续的检测。但由于它不能像照相法那样把射线的能量积累起来，因此只能检验较薄的构件，一般在50mm以下的轻金属如铝、镁合金以及小于20mm以下的钢制工件。

2. X射线工业电视法

X射线工业电视法是荧光屏观察法的发展，由工业电视设备和荧光屏观察法设备加上电视摄像机和接受机组成。电视法的检测过程如图2-3所示。

工业电视法的灵敏度除了取决于透视范围外，还决定于增强器或增晰像管的构造和性能(如放大倍数、聚焦能力)、荧光屏所涂的荧光物质、X射线管焦点和散射线等因素。目前工业电视法的设备是采用中等功率的线源，只能检测40mm以下的钢制工件，其灵敏度最高只能达到2%～3%，通常是2%～5%之间。

3. 二极管阵列X射线图像转换器法

图2-4所示为线性排列的光敏二极管X射线图像转换系统。它由很多小型X射线灵敏元件组成，数量达512～1024个，甚至更多。当工件运动或线性二极管阵自身扫查时，各元件会测得X射线潜影强度的变化，经光导耦合与信号处理，从而形成缺陷的二维图像。目前这种方法还仅限于加速电压在150kV以下产生的射线能量。

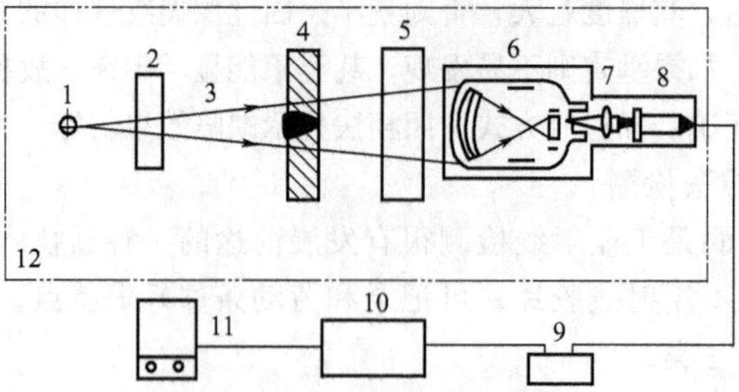

图 2-3 X射线工业电视法示意图

1—射线源；2,5—电动光阑；3—X射线束；4—工件；6—图像增强器；
7—偶合透镜轴组；8—摄像机；9—控制器；10—图像处理器；11—监视器；12—防护设施

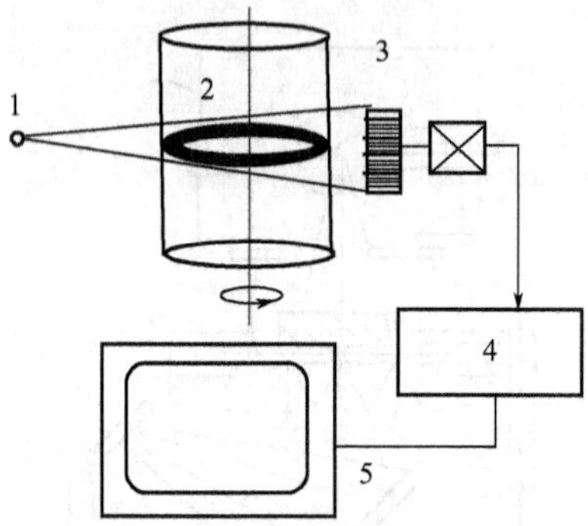

图 2-4 二极管阵列X射线图像转换器法示意图

1—X射线源；2—焊缝；3—二极管；4—电子数据重建电路；5—监视器

（三）射线计算机断层扫描技术

射线计算机断层扫描技术，简称CT（Computer Tomography）。它是根据物体横断面的一组投影数据，经计算机处理后，得到物体横断面的图像。所以，它是一种由数据到图像的重建技术，其装置结构如图2-5所示。

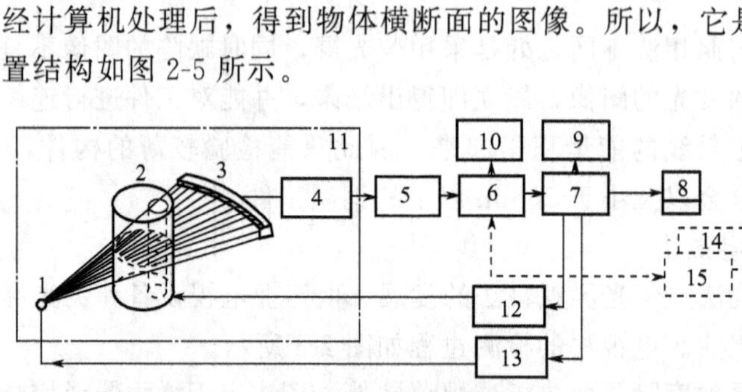

图 2-5 射线计算机断层扫描技术（CT）示意图

1—射线源；2—工件；3—检测器；4—数据采集器；5—高速运算器；
6—计算机CPU；7—控制器；8—显示器；9—摄影单元；10—磁盘；
11—防护设施；12—机械控制单元；13—射线控制单元；14—应用软件；15—图像处理器

射线源发出扇形束射线，被工件衰减后的射线强度投影数据，经接受检测器（300个左右，能覆盖整个扇形扫描区域）被数据采集部采集，并进行从模拟量到数字量的高速A/D转换，形成数字信息。在一次扫描结束后，工件转动一个角度再进行下一次扫描，如此反复下去，即可采集到若干组数据。这些数字信息在高速运算器中进行修正、图像重建处理和暂存，在计算机的统一管理及应用软件支持下，便可获得被检物体某一断面层的真实图像，显示于监视器上。

相关知识 射线

射线或电离射线就是指X射线、α射线、β射线、γ射线、电子射线和中子射线等，它们的种类很多。其中易于穿透物质的有X射线、γ射线以及中子射线三种，射线检测采用X射线和γ射线。X射线与γ射线的区别只是发生的方法不同，它们都是波长很短的电磁波，两者的本质是相同的。这两种射线都是易于穿透物体的，但在穿透物体的过程中受到吸收和散射，因此其穿透物体后的强度就小于穿透前的强度而产生衰减。衰减的程度由物体的厚度、材料品种以及射线的种类而定。

一、射线的产生及性质

（一）X射线的产生

高速电子在真空管中撞击金属靶辐射出来的波长很短的电磁波叫做X射线。X射线和可见光、无线电波的本质相同，仅波长不同。

产生X射线的主要设备是X光管，它由阴极、阳极和管壳组成，其原理如图2-6所示。将阴极通电加热后电子由真空中释放出来，在两极之间的电压（管电压）作用下，电子从阴极向阳极方向加速飞行而具有很大的动能，当它撞击到阳极金属时，其能量的大部分都转变成热量，而小部分转变为X射线，透过X射线管的管壁向外发射。阳极金属受电子撞击处叫做焦点。从阳极向阴极流动的电流称管电流。

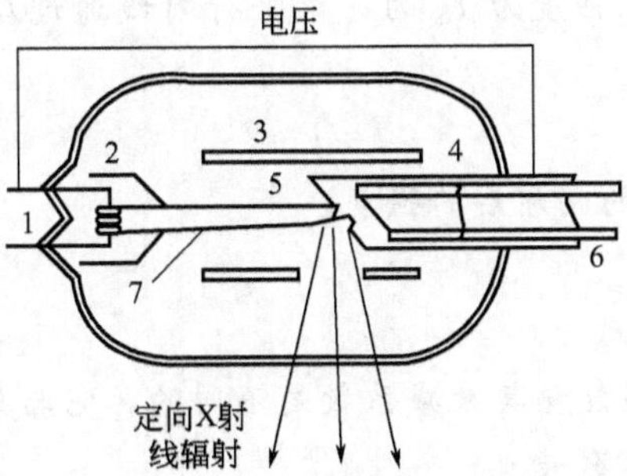

图2-6 真空管X射线发生器原理示意图

1—灯丝；2—聚焦罩；3—遮光罩；4—阳极；5—靶；6—冷却管；7—电子流

产生的X射线强度与阴极发射的电子（管电流）数量成正比，与作用在X光管的电压（管电压）的平方成正比，且与阳极材料的原子序数成正比。因此要获得强度较高的X射线，不但要有适当的管电流和管电压，还要有高的原子序数的阳极靶材料。常用的阳极靶材料为钨和钼等。

（二）γ射线的产生

原子核由高能态跃迁到低能态时辐射出的波长很短的电磁波叫做γ射线。γ射线是放射性同位素的原子核衰变过程中产生的电磁波。具有放射性的同位素原子核，在自发地放射出某种粒子（α、β或γ）后变成另一种不同的核，其放射性物质的能量因这种自发放射而逐渐减少，这种现象叫衰变。这种衰变是不可控制的。放射性同位素的原子数目因衰变而减少到原来的一半所需要的时间叫做半衰期。在无损检测中应用的射线源，半衰期至少几十天，否则就没什么价值了。选取一种同位素作γ检测射线源时，它必须具有满足要求的穿透力和有较长的半衰期。

目前用得最广泛的射线源是Co^{60}，它可以检测250mm厚的铜质工件、350mm厚的铝制和 300mm 厚的钢制件。Ir^{192}、Cs^{134}、Cs^{137} 等射线源可以检测较薄的（60mm 以下）钢制件，且有较好的效果，灵敏度高，对人危害少，目前也用的很广泛。

（三）X 射线和 γ 射线的性质

X 射线和 γ 射线都是波长很短的电磁波，因此它们具有下述几点共性。

① 具有可穿透物质的能力，并有在不同的物质中衰减不同的特征。

② 以光速直线传播，不带电、不受电场和磁场的干扰。

③ 能使物质电离，可使胶片感光生成潜像，可激发荧光物质产生荧光。

④ 有反射、折射、绕射、干涉等现象。

⑤ 能对生物细胞起作用（生物效应）。当人体受到过量的射线照射后，会发生病变。因此，射线防护是射线检测工作中极为重要的问题。

X 射线和 γ 射线的主要差别有以下几点。

① 产生的机理不同，X 射线是用高速电子轰击金属靶产生的，而 γ 射线是从不稳定的原子核中辐射出来的。

② X 射线的强度可调，而 γ 射线的强度随时间按指数规律衰变，不可随意调节。

二、射线的衰减

当射线穿透物体时被吸收❶后变成其他形式的能量如热能，并造成射线传播方向发生改变即散射❷而失去一部分能量，强度相应减弱，这种现象称为射线的衰减现象。射线的衰减是按照一定的规律变化的。以强度为 I_0 的一束平行射线通过厚度为 δ 的物质为例，其衰减定律为

$$I=I_0 e^{\mu\delta}$$

式中 I——射线通过厚度 δ 的物质后的强度；

e——自然对数的底；

μ——射线衰减系数。

不同的材料和不同的射线能量其衰减系数是不同的，它与射线本身能量（波长）及材料本身性质（原子序数、密度）有关。

思考与练习

1. 网上搜索射线检测的种类？
2. 网上搜索 X 射线机的产地、种类及价格？
3. 产生 X 射线的条件是什么？X、γ 射线性质的异同点是什么？
4. 射线照相法的检测原理是什么？

任务二 射线照相法检测

射线照相法检测具有灵敏度高、底片能作为质量凭证长期保存等优点，目前在国内外射线检测中应用最为广泛。射线照相法检测是通过底片上缺陷影像，对照有关标准来评定工件内部质量的。焊接件射线检测的主要标准是 GB/T 3323—2005《金属熔化焊焊接接头射线照相》。

---

❶ 吸收是一种能量的转换，主要是由光效应和电子效应所造成。

❷ 散射后其射线本质不变，主要是汤姆逊散射和康普顿效应所造成。

一、射线照相法检测系统

射线照相法检测系统基本组成如图 2-7 所示。

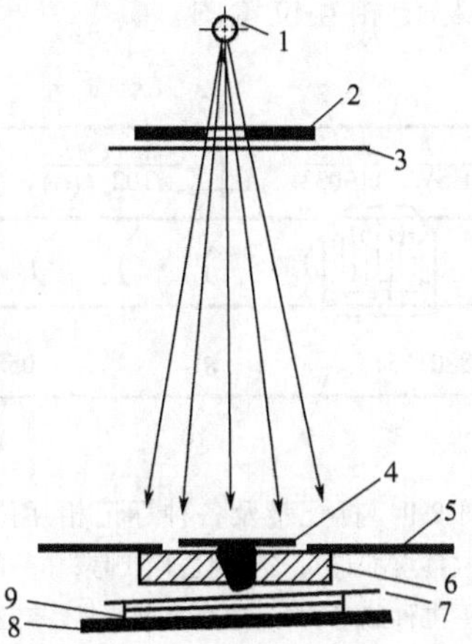

图 2-7　射线照相法探伤系统基本组成示意图

1—射线源；2—铅光闸；3，7—滤板；4—标记带、像质计；5—铅遮板；6—工件 5；8—底部铅板；9—暗盒、胶片、增感屏

1. 射线源

射线源为 X 射线机、γ 射线机或高能射线加速器。

2. 射线胶片

射线胶片与普通照相胶卷不同之处是在片基的两面均涂有乳剂，增加对射线敏感的卤化银含量。射线胶片通常根据感光速度、特性曲线平均梯度、感觉乳剂粒度等将射线胶片分为 T1～T4 四类。

3. 增感屏

金属增感屏是由金属箔粘合在纸基或胶片片基上制成。检测时紧贴于射线胶片两侧，先于胶片接收射线照射者称前屏，后于胶片接收射线照射者称后屏。其作用是增加对胶片的感光作用并吸收散射线，提高胶片感光速度和底片成像质量。

4. 像质计

像质计是用来定量评价射线底片影像质量的工具，与被检工件材质应相同。GB/T 3323—2005 中规定采用线型像质计，其型号规格应符合 JB/T 7902《线型像质计》的规定，并按图 2-8 要求放置。

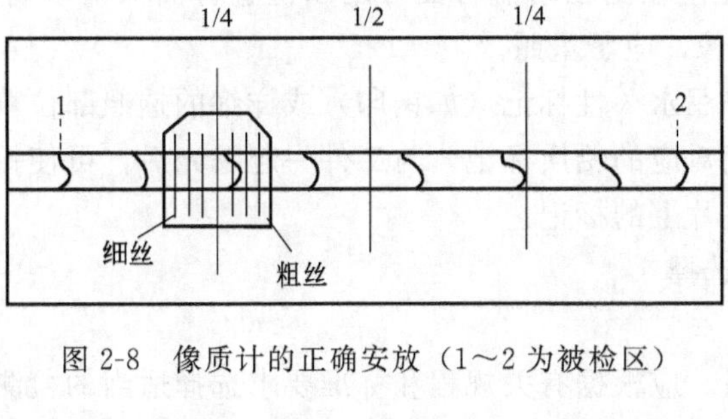

图 2-8　像质计的正确安放（1～2 为被检区）

5. 暗盒

暗盒是由对射线吸收不明显，对影像无影响的柔软塑料制成。其作用是防止胶片漏光。

6. 标记带

标记带可使选定的焊缝检测位置的底片与工件被检部位能始终对照，易于找出返修位置。图 2-9 所示为标记带及各种标记相互位置图。

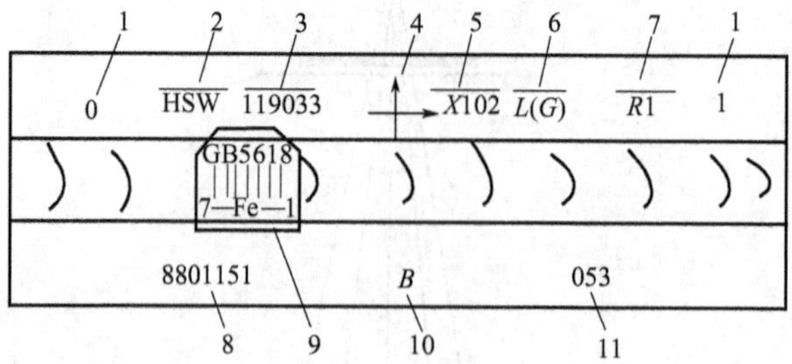

图 2-9　标记带及各种标记相互位置

1—定位及分编号（搭接标记）；2—制造厂代号；3—产品令号（合同号）；
4—中心定位；5—工件编号；6—焊缝类别（纵、环缝）；7—返修次数；
8—检验日期；9—像质计；10—B 标记；11—操作者代号

二、工艺准备

（一）被检工件的准备

1. 表面质量检查

射线照相检测之前，必须首先对工件进行表面质量检查，将易与焊缝内部缺陷相混淆的表面缺陷在射线检测之前处理好，以免影响底片评定的准确性。

2. 检测位置的确定及其标记

（1）检测位置的确定　在检测工作中，焊缝检测比例应严格按标准确定。对重要的产品，或试制的新产品，或制造工艺不稳定的产品，其所有工作焊缝均需进行检查，即 100% 检查。如焊缝按比例检测检查时，抽查的焊缝位置一般选在：可能或常出现缺陷的位置；危险断面或受力最大的焊缝部分；应力集中部位；外观检查可疑的部位。

（2）检测位置的标记　选定的焊缝检测位置必须按一定顺序和规律进行标记，使每张底片与工件被检部位能始终对照。标记的主要内容有以下几点。

① 定位标记。包括中心标记，垂直箭头表示该部位的中点，水平箭头表示照片序号方向。搭接标记。

② 识别标记。包括产品批号、工件编号、焊缝编号、部位编号、底片编号、返修编号等。

③ B 标记。该标记应贴附在暗盒背面，用以检查背面散射线防护效果。若在较黑被景上出现“B”的较淡影像，应予重照。

另外工件表面应采用永久性标记（如钢印）或详细的透照部位草图标注，在曝光区工件表面上放置与工件表面对应的铅质标记，与工件一起曝光后，可使铅质标记在底片上留下清晰的影像，从而形成底片上的标记。

（二）检测条件的选择

1. 检测要求

（1）透照技术等级　应根据有关规程和标准要求选择适当的检测条件。如金属熔化焊焊接接头透照检测应以 GB/T 3323—2005 为准，标准将透照技术等级分为 A 级和 B 级。不同的透照技术等级对检测工艺要求不同。当 A 级灵敏度不能满足检测要求时，应采用 B 级透照技术。

（2）黑度 D　底片黑度是指曝光并经暗室处理后的底片黑化程度。数值上等于底片照射光强与透过光强之比的对数值。底片黑度可用黑度计直接在底片的规定位置测量。灰雾度 D_0 是未经曝光的胶片经暗室处理后胶片的总黑度，要求 $D_0 \leqslant 0.3$。

2. 射线能量、焦点及透照距离的选择

（1）射线能量　普通 X 光机的 kV 值越高，产生的射线能量越大，其穿透能力越强，即可透照的工件厚度愈大。但同时也导致衰减系数的降低而使成像质量下降（主要是对比度，即底片上相邻两个区域的相对黑度明显下降）。所以在保证穿透的前提下，应根据材质和成像质量要求，尽量选择较低的射线能量。在 GB/T 3323—2005 对允许使用的最高管电压和透照厚度的下限值均做了规定。

（2）射线源-工件距离　射线源-工件距离 f_{min} 与射线源的尺寸 d 和工件-胶片距离 b 有关。

目前在射线检测的国内外标准中，均推荐使用诺模图来确定（最小）透照距离。图 2-10 为确定焦点至工件表面的诺模图。图中 1）B 级，2）A 级。

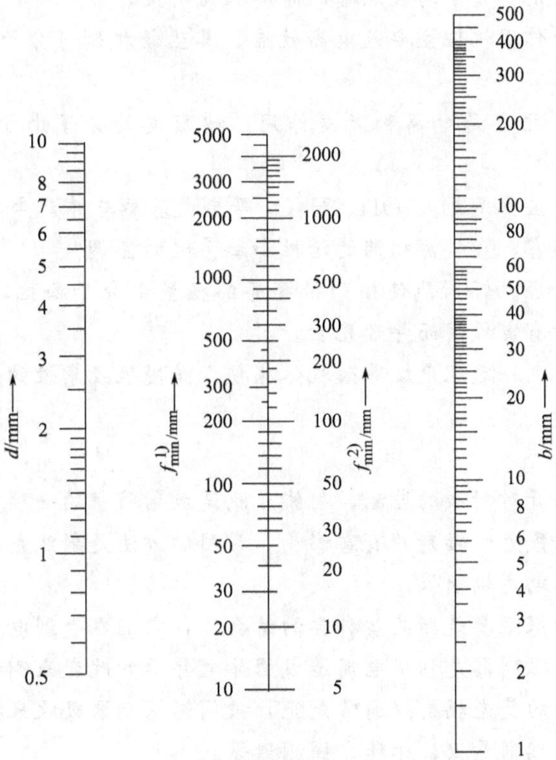

图 2-10　确定射线源-工件最小距离 f_{min} 的诺模图

三、焊缝透照方法的选择

进行射线检测时，为了准确反映工件接头内部缺陷的存在情况，应根据接头形式和工件几何形状合理选择透照方法。

1. 一般接头焊缝

一般接头焊缝有对接焊缝、角接焊缝、丁字角焊缝、十字角焊缝、搭接、卷边角接焊缝和封闭容器的角焊缝，透照方法见附录一。

2. 筒体焊缝（钢管环焊缝）

GB/T 3323—2005 规定，按射线源、工件和胶片之间的相互位置关系，筒体焊缝透照方法分纵缝透照法、环缝外透法、环缝内透法、双壁单影法和双壁双影法五种，其中纵缝透照法同对接焊缝、钢管环焊缝的透照方法基本相同，透照方法见附录一。

3. 其他焊缝

管子丁字接头、管座焊缝透照方法见附录一。

四、胶片的暗室处理

暗室处理是将胶片曝光后生成的潜像变成可见的黑色银像底片的处理过程。它包括显影、停显、定影、冲洗和底片烘干等五个工序。其中显影、停显和定影必须在暗室中进行。暗室中必须有通风换气设备，防止室内温度过高和湿度过大，以免胶片受潮或受热而变质。

相关知识一　射线的安全防护

利用射线进行检测的同时，必须按 GB 18871—2002《电离辐射防护与辐射源安全基本标准》规定保护检测人员及周围职工免受辐射的伤害。

一、危害

人体吸收到的射线剂量大小与被照射的时间长短有关。

射线对生物机体的作用机理主要是电离效应。其生物机制可分为直接作用和间接作用，并可归纳为下面三个环节。

①物理加强途径。主要是电离和激发作用，被激发的分子由于能量的储存和转移而损伤。

②化学加强途径。主要是 O_2、OH、H_2O_2 等自由基参与并产生了分子的化学迁移，对细胞的大分子键造成损害，直接影响酶的活性和酶系统的协调。

③生物化学加强途径。辐射能使排列很整齐的核蛋白分子松弛，蛋白质与核酸间链分解，可能产生对细胞的有害作用而导致死亡。

辐射的生物作用达到一定程度就导致机体损伤，呈慢性或急性的放射病。检测场地的场强监测常用剂量仪进行。

二、剂量仪控制

从事放射工作离不开对射线的监测，射线监测是放射防护的一项重要的技术，其主要目的是保护工作人员和居民免受辐射的有害影响。常用的方法是射线剂量仪监测，主要仪器有固态电离辐射仪和气态电离辐射仪。

固态电离辐射仪的探测器是指某些种类的结晶体，它们在受到电离辐射时会显示出可以测出的效应。如电导率探测器是利用电离造成固体电导率的改变来测量的，闪烁探测器是电子由于能量降低时发射的荧光辐射（通常是光）被闪烁探测器吸收来探测。另外还有辐射光致发光玻璃剂量仪、玻璃剂量仪、热释光探测器等。

气态电离辐射仪有电离室剂量仪、计数管式剂量仪等。

三、安全防护

为使工作场所的剂量水平降到允许水平之下应采取以下防护措施。

1. 距离防护

在野外或流动性检测时，利用距离防护射线是极为经济而有效的方法。射线剂量率与距离平方成反比。因此，在没有防护物或防护层厚度不够时，利用增大距离的方法同样能够达到防护目的。在实际检测中，究竟采用多远距离安全，应当用剂量仪测量。

2. 时间防护

在可能的情况下，尽量减少接触射线的时间也是主要防护方法之一，因为人体所接受的总剂量是与辐射源接触的时间成正比。如果我们在较大的剂量情况下拍片，可以用控制拍片张数来保证检测人员在一天内不超过规定的最大允许剂量当量。

3. 屏蔽防护

屏蔽防护就是在射线源与检测人员及其邻近人员之间加上有效合理的屏蔽物，来防止射线的一种方法。屏蔽防护应用很广，如射线机机体衬铅、射线发生器用遮光器，现场使用流动铅房和建立曝光室的钡水泥墙壁等。有关屏蔽防护的具体设计、计算可查阅有关资料。

相关知识二　暗室处理知识

胶片按 ISO 11699—2 规定执行。暗室处理是将曝光后的胶片潜像变成可见的黑色银像底片的处理过程。它包括显影、停显、定影、冲洗和底片烘干等五个工序。其中显影、停显和定影必须在暗室中进行。

①显影。显影的作用是将已曝光胶片中的潜像变成可见像。显影时应控制好显影温度和显影时间。

②停显。就是胶片显影到预定时间时，把胶片放到停显液中，使显影作用立即被制止，通常停影时间约为 10～15s。

③定影。显影后的胶片中，影像虽然可见，但并不稳定。定影就是要除去未感光和未被显影的银盐而使底片的影像固定下来。该过程需要在一定的温度（通常为 18℃左右）和时间（通常约为 20～30min）等条件下才能完成。另外，通过定影液的作用还可使底片胶膜硬化，胶膜不易损坏。

④冲洗。冲洗是暗室处理的一个不可忽视的环节。冲洗的作用就是用水彻底除去胶膜上的残留物质。冲洗时间约为 20～30min，过长冲洗会使胶膜变软，水洗不充分，底片在保存过程中易发黄变质。

⑤干燥。将冲洗好的胶片放到脱水剂中浸润 1～2min，可预防胶片上的水迹，然后将胶片自然吹干或放到烘片机中烘干。底片干燥后即可进行焊缝质量的评定工作。

现不少单位采用自动机，一次完成显、停、定、冲和烘干五个工序。

思考与练习

1. 试比较增感屏前、屏后屏的作用与区别。
2. 试叙述检测位置的确定及标记的主要工作。
3. 射线照相主要参数是怎样选定的？
4. 试确定自己焊接实训时所生产构件的检测方法？

任务三　射线照相法检测实训

一、目的

了解 X 射线检测的仪器设备，了解焊缝射线照相法检测的工艺过程，掌握焊缝射线照相法的操作技能及要求，巩固 X 射线检测的基本知识。

二、原理

X 射线机产生的 X 射线在穿透钢材（焊缝）的过程中能量被吸收而逐渐减弱。如果钢材（焊缝）内部有缺陷，则因缺陷对射线的吸收能力与钢材（焊缝）不同，使得胶片的射线感光不均匀，经过暗室处理后，即可获得明暗不同影像的底片。

三、设备与器材

1. X射线机，厚度为16mm、长度为300mm的焊接试板

2. X光胶片（天津Ⅲ型），像质计，铅箔增感屏，暗袋，磁夹，铅字符号标志等

3. 射线计量器

4. 暗室及处理设备

四、步骤与规范

① 外观质量经检验合格方可检测，检测人员应加以确认，同时根据任务书，作出检测编号标记。

② 确定透照方法，检查检测设备及防护情况是否正常。安装检测设备、确定透照焦距。

③ 按图2-7所示，将软片切好放入增减屏的前屏和后屏之间，然后放入软片暗袋，注意不要把前、后屏的位置安错，之后放入铅字袋。

④ 用磁夹将软片贴在被检测处，注意标记袋中的代号应与步骤①中的标记相符。同时在射线源一侧贴上像质计，软片和像质计的选择和安贴应符合要求。

⑤ 调整X光机射线指示器垂直对准试板上的中心符号处。

⑥ 确定管电压、管电流及检测时间，打开电源，启动变压器，调整好参数。可参考下列参数探照：焦距600mm，电压185kV，电流5mA，时间5min。用射线计量器监测X射线剂量大小，确保实验安全。

⑦ 探照完毕，先关高压，后关电源。取下软片盒、像质计、磁夹，卸下检测机。

⑧ 在老师的指导下，进行暗室处理。

⑨ 记录（见附录二）。

五、实训报告要求

根据以上实训过程写出报告（含检测报告、思考作业）。

思考与练习

1. 增感屏的作用是什么？为什么前屏比后屏薄？

2. 像质计的作用是什么？为什么要放在射线源一侧？

任务四　焊缝射线检测底片的评定

射线底片评定工作简称评片，由2级或2级以上检测人员在评片室内利用观片灯、黑度计等仪器和工具进行该项工作。评片工作包括质量的评定、缺陷的定性与定量、焊缝质量的评级等内容。

一、评判底片的基本要求及主要步骤

（一）基本要求

1. 对底片质量的要求

射线照相法检测的底片质量和焊缝质量等级评定，主要执行的是GB/T 3323—2005标准。其底片质量应按标准检查和测定像质计数值、黑度（灰雾度）、几何不清晰度是否达到要求。对像质计数值的检查应包括：底片上是否有像质计，像质计的型号和规格是否与被检物相符，像质计位置是否放置正确，检测标记、B标记，伪缺陷的辨别，如指纹、折痕及漏光、感光、药物沾污等。

2. 对检测人员的要求

检测人员必须取得相关部门颁发的射线检测资格证书。评片员应取得2级或2级以上射线检测资格证书，并应掌握一定焊接知识和相当的实际评片经验，熟悉所评定焊缝的情况，对异常情形能进行综合分析等。

（二）主要步骤

① 审核委托单和原始透照检测记录，按每个部件、每条焊缝整理射线底片，依次从小号往大号排列。

② 初步观察，将拍照质量差的底片剔除，并作好记录，通知操作人员重新拍照，同时应向拍片人员说明重拍原因。

③ 按顺序号填写评定记录，根据所采用的标准，逐张确定焊缝质量（等级），得出“合格”或“不合格”的结论。无论是否合格，只要底片上有缺陷显示，都要对所见缺陷作好定性，定量记载。

④ 对于不合格需要返修的缺陷，要用适当的色笔圈出缺陷，以利焊工返修。返修片要做好登记，填写返修通知单，转送施焊部门返修。返修片要及时收回存档。

返修部位的复照底片要用返修标记R示之，R之后的数字表示返修次数，返修后复照的底片要进行再评定，合格后补充到整套底片中。

整个部件评定合格后，要及时填写射线检测报告，并作好台账记录。检测报告通常一式两份：一份作为产品质量证明书的原始资料，另一份作为文字资料之一与底片一起存档备查。

二、焊接缺陷的评级

（一）圆形缺陷的评级

圆形缺陷是长宽比≤3的缺陷，它们可以是圆形、椭圆形、锥形或带尾巴（在测定尺寸时应包括尾部）等不规则的形状。包括气孔、夹渣、夹钨。它的评定是在评定区域内进行的，评定区应选择在缺陷最严重的部位，其区域大小根据工件厚度确定，见表2-1。

表 2-1 圆形缺陷评定区 mm

母材厚度 T	≤25	25～100	>100
评定区尺寸	10×10	10×20	10×30

注意，评定区域内圆形缺陷的大小不同时应将尺寸按表2-2规定换算成缺陷点数。应指出的是，并不是所有缺陷都要计算缺陷点数，对于满足下表2-3规定要求的缺陷不计缺陷点数。评定时，根据评定区域中每个缺陷的尺寸，按表2-2查出其相应的缺陷点数，并计算出评定区域内缺陷点数总和，然后按表2-4提供的数值来确定缺陷的等级。一些特殊情况按标准其他条款执行。

表 2-2 缺陷点数换算表

缺陷长径/mm	≤1	1～2	2～3	3～4	4～6	6～8	>8
点数	1	2	3	6	10	15	25

表 2-3 不计点数的缺陷尺寸 mm

母材厚度 T	≤25	25～50	>50
缺陷长径	≤0.5	≤0.7	≤1.4%T

表 2-4　圆形缺陷的分级

评定区/mm		10×10			10×20		10×30
评定厚度 T/mm		≤10	10～15	15～25	25～50	50～100	>100
质量等级	Ⅰ	1	2	3	4	5	6
	Ⅱ	3	6	9	12	15	18
	Ⅲ	6	12	18	24	30	36
	Ⅳ	缺陷点数大于Ⅲ者					

（二）条形缺陷的评级

长宽比≥3 的气孔、夹渣和夹钨定义为条形缺陷。条形缺陷的分级见表 2-5。

表 2-5　条形缺陷的分级　mm

质量等级	评定厚度 T	单个条形缺陷长度	条形缺陷总长
Ⅱ	$T\leqslant 12$	4	在平行于焊缝轴线的任意直线上，相邻两缺陷间距不超过 $6L$ 的任何一组夹渣，其累计长度在 $12T$ 焊缝长度内不超过 T
	$12<T<60$	$T/3$	
	$T\geqslant 60$	20	
Ⅲ	$T\leqslant 9$	6	在平行于焊缝轴线的任意直线上，相邻两缺陷间距不超过 $3L$ 的任何一组夹渣，其累计长度在 $6T$ 焊缝长度内不超过 T
	$9<T<45$	$2T/3$	
	$T\geqslant 45$	30	
Ⅳ	大于Ⅲ级者		
L 为该组缺陷中最长者的长度			

评定时，先按单个条形缺陷，对每一条形缺陷进行评定（一般只需评定其中最长者），然后从其相邻两条形缺陷间距来判别夹渣组成情况，最后评定条形缺陷总长。

【例】板厚为 24mm 的焊缝中，条形缺陷分布如图 2-11 所示，该焊缝评为几级？

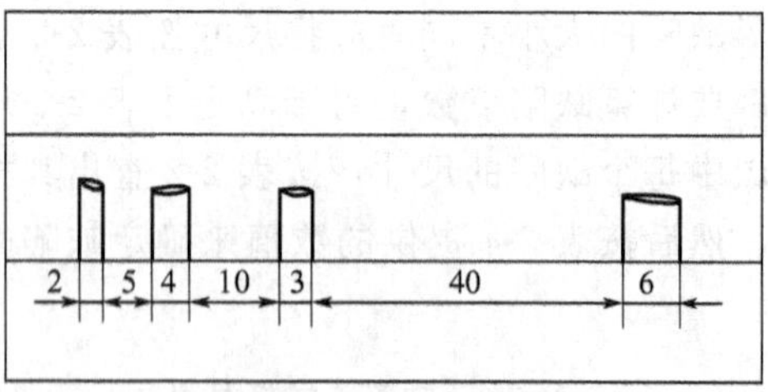

图 2-11　条形缺陷分布图

首先评定单个条形缺陷长度，均未超过 1/3 评定厚度（$T/3=8$mm），符合Ⅱ级。第二步，由于最长条形缺陷为 6mm，则 $6L=36$mm，它与最近邻条形缺陷间距为 40mm，故不属“组”的范围。剩下三个条形缺陷最长者为 4mm，由于它们的间距都小于 $6L$，因此计算共总长 4＋3＋2＝9mm，未超过评定厚度，故可评为Ⅱ级。

（三）未焊透的评级

Ⅰ、Ⅱ级焊缝内不允许存在未焊透缺陷。

不加垫板单面焊中的未焊透允许长度按表 2-5 条形缺陷的Ⅲ级评定。

角焊缝的未焊透是指角焊缝的实际熔深未达到理论熔深值，按表 2-5 条形缺陷的Ⅲ级评定。

设计焊缝系数≤0.75 的钢管根部未焊透的分级见表 2-6。

表 2-6　未焊透的分级

质量等级	未焊透深度		长度/mm
	占壁厚的百分数/%	深度/mm	
Ⅱ	≤15	≤1.5	≤10%周长
Ⅲ	≤20	≤2.0	≤15%周长
Ⅳ	大于Ⅲ级者		

（四）根部内凹和根部咬边的评级

钢管根部内凹和根部咬边的分级见表 2-7。

表 2-7　根部内凹和根部咬边的分级

质量等级	根部内凹的深度		长度/mm
	占壁厚的百分数/%	深度/mm	
Ⅰ	≤10	≤1	不限
Ⅱ	≤20	≤2	
Ⅲ	≤25	≤3	
Ⅳ	大于Ⅲ级者		

（五）焊缝质量的综合评级

事实上，焊缝中的缺陷往往不是单一的，可能同时有几种缺陷。对于几种缺陷同时存在的等级评定，应先各自评级，然后进行综合评级。如有两种缺陷，可将其级别之和减 1 作为缺陷综合评级后的焊缝质量级别。如有三种缺陷，可将其级别之和减 2 作为缺陷综合评级后的焊缝质量等级。

当焊缝的质量级别不符合设计要求时，焊缝评为不合格。不合格焊缝必须进行返修。返修后，经再检测合格，该焊缝才算合格。

三、射线检测记录及底片保存

GB/T 3323—2005 标准规定：检测后应对检测结果及有关事项进行详细记录并写出检测报告。报告内容应包括检测方法、检测规范、工件名称、检测部位、底片编号、摄片日期、缺陷性质、评定等级、返修情况及评片人员签名等。检测底片、检测报告和原始记录需妥善保存 5 年以上以便随时检查校对。存档资料应整洁完整，不能少页缺页，底片质量应满足标准要求，不得缺片。如果有不符合项目，则需技术总负责人批示签字，这类批示文件也要同时存档。射线检测的记录和报告格式可参考附录二。

相关知识一　焊接缺陷影像特征及辨别

对底片所反映出的接头缺陷进行判别，并评定出该接头的质量等级，首先应对底片反映出来的缺陷进行性质、大小、数量及位置的识别，然后与检测标准进行比较定级。

各种焊接缺陷的影像特征及辨别见表 2-8 及图 2-12 所示。

表 2-8 焊接缺陷的影像特征

焊接缺陷		射线照相法底片
种类	名称	
裂纹	横向裂纹	与焊接方向垂直的黑色条纹
	纵向裂纹	与焊接方向平行的黑色条纹，两头尖细
	放射裂纹	由某点辐射出去星形黑色条纹
	弧坑裂纹	弧坑中纵、横向及星形黑色条纹
孔穴	球形气孔	黑度值中心较大边缘较小且均匀过渡的圆形黑色影像
	均布气孔	均匀分布的黑色点状影像
	局部密集气孔	局部密集的黑色点状影像
	链状气孔	与焊接方向平行的成串并呈直线状的黑色影像
	条状气孔	黑度极大且均匀的黑色圆形显示
	表面气孔	黑度值不太高的圆形影像
	弧坑缩孔	指焊道末端的凹陷，为黑色显示
固体夹杂	夹渣	黑色点状或黑度值较均匀的呈长条黑色不规则影像
	焊剂夹渣	黑色点状或黑度值较均匀的呈长条黑色不规则影像，黑度较深
	氧化物夹杂	点状或较均匀的呈长条灰白色不规则影像
	金属夹杂	白色块状影像
未熔合及未焊透	未熔合	坡口边缘、焊道之间以及焊缝根部等处的伴有气孔或夹渣的连续或断续黑色影像
	未焊透	焊缝影像比应有黑度要黑
	根部未焊透	焊缝根部钝边未熔化的直线黑色影像
形状和尺寸不良	咬边	位于焊缝边缘与焊缝走向一致的黑色条纹
	焊缝超高	焊缝正中的灰白色突起
	凸度过大	焊缝正中的灰白色突起
	下塌	单面焊，背面焊道正中的灰白色影像
	焊瘤	焊缝边缘的灰白色突起
	错边	焊缝一侧与另一侧的黑色的黑度值不同，有一明显界限
	下垂	焊缝表面的凹槽，黑度值较高的一个区域
	烧穿	单面焊，背部焊道由于熔池塌陷形成孔洞，在底片上为黑色影像
	未焊满	焊道两侧的黑色影像较深
	根部收缩	焊道正中的沟槽，呈黑色影像
其他缺陷	电弧擦伤	母材上的黑色影像
	飞溅	灰白色圆点
	表面撕裂	黑色条纹
	磨痕	黑色影像
	凿痕	黑色影像

注：缺陷种类以《GB/T 6417.1—2005 金属熔化焊焊接头缺欠分类及说明》为依据。

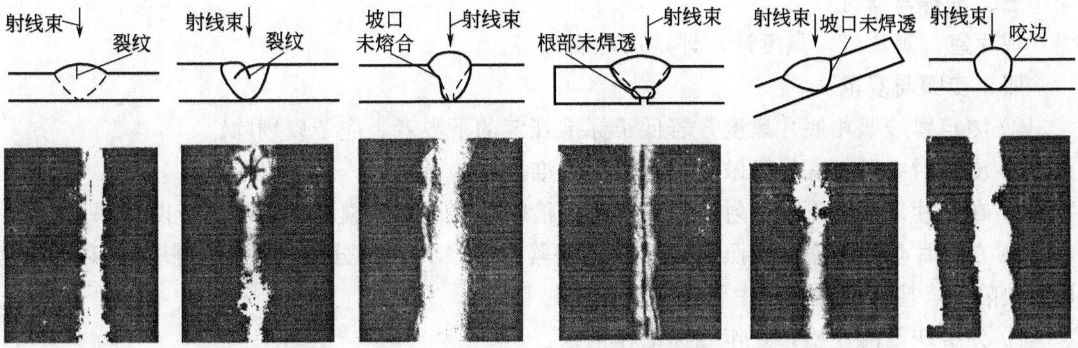

(a) 裂纹 (b) 弧坑的星形裂纹 (c) 坡口边缘未熔合 (d) 根部未焊透 (e) 坡口边缘未焊透 (f) 咬边

图 2-12 几种典型焊接缺陷照片

相关知识二 焊接接头质量分级与评定厚度的确定

1. 焊接接头质量分级

GB/T 3323—2005 标准中，根据缺陷性质、数量和大小将焊缝质量分为Ⅰ、Ⅱ、Ⅲ、Ⅳ共四级，质量依次降低。

Ⅰ级焊缝内不允许存在任何裂纹、未熔合、未焊透以及条形缺陷，允许有一定数量和一定尺寸的圆形缺陷存在。

Ⅱ级焊缝内不允许存在任何裂纹、未熔合、未焊透等三种缺陷，允许有一定数量、一定尺寸的条形缺陷和圆形缺陷存在。

Ⅲ级焊缝内不允许存在任何裂纹、未熔合以及双面焊和加垫板的单面焊中的未焊透，允许一定数量和一定尺寸的条形缺陷和圆形缺陷及未焊透（指非氩弧焊封底的不加垫板的单面焊）存在。

Ⅳ级焊缝指焊缝缺陷超过Ⅲ级者。

2. 评定厚度的确定

评定厚度 T 是指用于缺陷评定的母材厚度或角焊缝厚度。对接焊缝的评定厚度是指母材的公称厚度；不等厚度材料对接时，取其中较薄的母材公称厚度；T 形接头时，取制备坡口的母材公称厚度；角焊缝的评定厚度是指角焊缝的理论厚度。

思考与练习

1. 试叙述射线照相法底片的评定步骤？
2. 试分析射线照相底片伪缺陷产生的原因？

任务五 射线照相检测的底片评定实训

一、目的

掌握射线照相法底片缺陷的分辨，了解缺陷的定量分析，掌握底片质量等级评定的相关标准和基本技能。

二、原理

根据底片质量及焊缝影像进行伪缺陷甄别，缺陷的定性分析、定量分析，对照相应标准评定底片质量等级。

三、设备与器材

观片室，观片灯，黑度计，评定尺，底片等。

四、步骤与规范

① 测定射线照相底片黑度，若低于标准规定的下限者，应予以剔除。

② 测定射线照相底片灵敏度，若低于标准规定的下限者，应予以剔除。

③ 在观片灯照明下观察射线照相底片的清晰程度，对于模糊不清者应予以剔除。

④ 在观片灯下观察射线照相底片上的缺陷影像，并认真分辨真假缺陷影像，对确认为是伪缺陷者，应在评片记录中予以注明。

⑤ 分析缺陷的性质，并作好标记和记录。

⑥ 测量缺陷尺寸，并在评片记录中注明缺陷位置及尺寸。

⑦ 按标准要求对缺陷进行分类，并综合评定射线照相底片的质量等级，确定工件焊缝质量等级。

五、实训报告要求

根据以上实训过程写出实训报告（含检测报告、思考作业），如有缺陷请签发返修报告。

思考与练习

1. 底片缺陷评定最困难的问题是什么？怎样解决。

2. 如底片存在缺陷，试叙述你的定性分析过程。

项目三　超声波检测

超声波检测（UT）是利用超声波在物质中的传播、反射和衰减等物理特征来发现缺陷的一种检测方法。与射线检测相比，超声波检测具有灵敏度高、探测速度快、成本低、操作方便、检测厚度大、对人体和环境无害，特别对裂纹、未熔合等危险性缺陷检测灵敏度高等优点。但也存在缺陷评定不直观、定性定量与操作者的水平和经验有关，存档困难等缺点。在检测中，常与射线检测配合使用，提高检测结果的可靠性。

本项目有三项任务：超声波检测原理及设备性能调试，直接接触法超声波检测，超声波检测实训。

任务一　超声波检测原理及设备性能调试

一、超声波检测原理及应用范围

超声波检测按工作原理可分为脉冲反射法、穿透法和共振法等；按缺陷显示方法可分为A、B、C及3D显示法等；按声耦合方式可分为直接接触法和液浸法等。焊接接头超声波检测应用最广的是直接接触A型脉冲反射式检测法。

（一）检测原理

1. A型显示超声波检测原理

图3-1为A型脉冲反射式超声波检测仪示意图。接通电源后，同步电路产生的触发脉冲同时加至扫描电路和发射电路。扫描电路受触发产生锯齿波扫描电压，加至示波管水平偏转板（*X*轴），使电子束发生水平偏转，在示波屏上产生一条水平扫描线（又称时间基线）和始波*T*。与此同时，发射电路受触发产生高频窄脉冲加至探头，激励压电晶片振动（逆压电效应），在工件中产生超声波。超声波在工件中传播遇到缺陷和底面发生反射，回波为同一探头或接收探头所接收，激励压电晶片转变为电信号（压电效应），经接收电路放大和检波，加至示波管垂直（*Y*轴）偏转板上，使电子束发生垂直偏转，在水平扫描线的相应位置上产

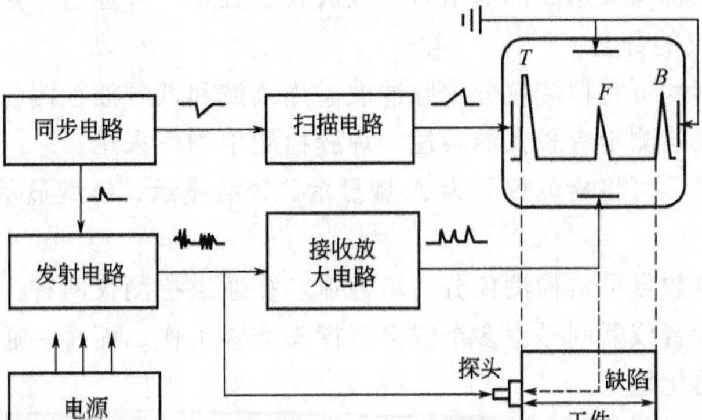

图3-1　A型脉冲反射式超声波检测仪示意图

生缺陷波 F、底波 B。

反射波的位置即反射波传播的距离，由此可对缺陷定位。反射波幅度的高低与接收的电讯号大小有关，电讯号则与缺陷反射面的形状和尺寸有关，因此反射波幅度的高低间接地反映出缺陷的大小，由此可对缺陷定量评价。

2. B型显示超声波检测基本原理

B型显示是超声波脉冲回波平面成像的一种。它是以亮点显示接收信号，以示波屏面代表被检测对象由探头移动线和声束决定的截面，纵坐标代表声波的传播时间，横坐标代表探头的水平位置，它可以显示出缺陷在横截面上的二维特征。这种检测方式称B扫描。

3. C型显示超声波检测基本原理

C型显示是超声波脉冲回波平面成像的一种，它是以亮点或暗点显示接收信号。示波屏面所表示的是被检测对象某一深度上与声束相垂直的一个平面投影像，一幅画面只能显示同一深度上不同位置的缺陷，这种检测方式称C扫描。为保证成像精确度，一般都采用水浸法检测。

4. 3D显示超声波检测基本原理

B、C型显示的不足之处是对于缺陷的深度和空间分布不能一次记录成像，而3D显示技术能把B、C显示相结合产生一个准三维的投影图像，同时能表示出缺陷在空间的特征。它能使缺陷的大小、形状及空间位置以三维平面像形式表示，给人以直观感觉，缺陷就如处在透明体内一样，一目了然。

（二）超声波检测的应用范围

超声波检测的应用范围广，可用于坯材、型材、焊缝等的检测。

焊接接头超声波检测的执行标准是GB/T 11345—1989《钢焊缝手工超声波探伤方法和探伤结果分级》。标准规定：凡母材不小于8mm的铁素体类钢全焊透熔化焊、对接焊缝或其他形式的焊缝，可用超声波检验。铸钢、奥氏体不锈钢焊缝，外直径小于159mm的钢管对接焊缝，内直径小于等于200mm的管座角焊缝，外直径小于50mm和内外径之比小于80%的纵向焊缝等，不宜采用超声波检测。

二、超声波检测设备性能调试

超声波检测设备一般由超声波检测仪、探头和试块组成。

（一）超声波检测仪

超声波检测仪是检测的主体设备，主要功能是产生高频电振荡，并以此来激励探头发射超声波。同时，它又将探头送回的电信号予以放大、处理，并通过一定方式显示出来。

1. 超声波检测仪的分类

按超声波的连续性可将检测仪分为脉冲波、连续波和调频波检测仪三种。后两种检测仪的检测灵敏度低，缺陷测定有较大局限性，焊缝检测中均不采用。

按缺陷显示方式，可将检测仪分为A型显示、B型显示、C型显示和3D显示超声波检测仪等。

按超声波的通道数目可将检测仪分为单通道和多通道检测仪两种。前者仪器由一个或一对探头单独工作；后者仪器则是由多个或多对探头交替工作，而每一通道相当于一台单通道检测仪，适应于自动化检测。

2. A型显示脉冲反射式超声波检测仪

A型显示脉冲反射式单通道超声波检测仪相当一种专用示波器，尽管型号、性能有所不同，但其基本结构、工作原理均大同小异。示波器的横坐标刻度表示超声波在工件内传播的时间，它与传播距离成正比。纵坐标刻度则表示缺陷反射波的幅度，它与缺陷的形状大小成正比。图 3-2 为 CTS-22 型单通道超声波检测仪面板示意图，图 3-3 为 TS-20XX 数字式多通道超声探伤仪示意图。

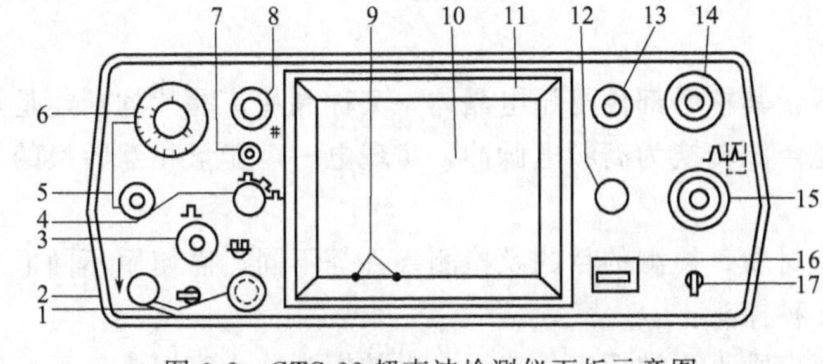

图 3-2　CTS-22 超声波检测仪面板示意图

1—发射插座；2—接收插座；3—工作方式选择；4—发射强度；5—粗调衰减器；6—细调衰减器；7—抑制；8—增益；9—定位游标；10—示波器；11—遮光罩；12—聚焦；13—深度范围；14—深度细调；15—脉冲移位；16—电源电压指示器；17—电源开关

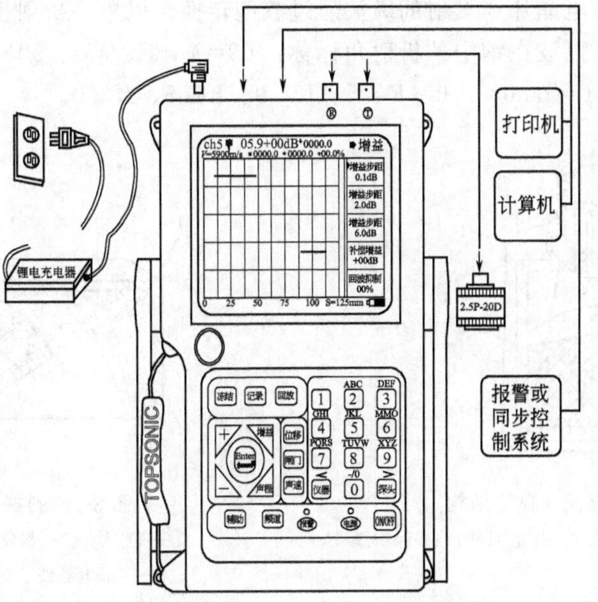

图 3-3　TS-20XX 数字式多通道超声探伤仪示意图

3. 超声波检测仪的主要性能

仪器的性能将直接影响检测结果的正确性。超声波检测仪的主要性能必须符合 JB/T 10061—1999《A 型脉冲反射式超声探伤仪通用技术条件》、JB/T 9214—1999《A 型脉冲反射式超声波探伤系统工作性能测试方法》的规定和 GB/T 11345—1989《钢焊缝手工超声波探伤方法和探伤结果分级》等相关规定。

(1) 水平线性　又称时基线性或扫描线性。是指扫描线上显示的反射波距离与反射体距离成正比的程度，它影响到缺陷定位是否准确。

(2) 垂直线性　又称放大线性。是指示波屏反射波幅与接收波信号电压成正比关系的程度，它影响到缺陷定量的精度。设备水平线性和垂直线性，在首次使用及每隔 3 个月应检查一次。

(3) 动态范围　是示波屏上回波高度从满幅（100%）降至消失时仪器衰减器的变化范围，其值越大可检出缺陷越小。

(4) 衰减器精度　是衰减器 dB 刻度指示脉冲下降幅度的正确程度，以及组成衰减器各同量级间可换性能。

（二）探头

探头又称换能器，其核心部件是压电晶体，又称晶片。晶片的功能是把高频电脉冲转换为超声波，又可把超声波转换为高频电脉冲，实现电—声能量相互转换的能量转换器件。

1. 探头的分类

由于工件形状、材质、检测的目的及检测条件等不同，需使用不同形式的探头。在焊接检测中常采用以下几种探头。

(1) 直探头　声束垂直于被探工件表面入射的探头称为直探头，可发射和接收纵波。典型结构如图 3-4 所示。

(2) 斜探头　斜探头和直探头在结构的主要区别是斜探头在压电晶体的下前方设置了透声斜楔块，典型结构如图 3-5 所示。图中斜楔块用有机玻璃制作，它与工件组成固定倾角的不同介质界面，使压电晶片 3 发射的纵波通过波型转换，以单一折射横波的形式在工件中传播。通常横波斜探头以波在钢中的折射角标称：($\beta=$) 40°、45°、50°、60°、70°；或以折射角的正切值标称：$K(=\tan\beta)$ 1.0、K1.5、K2.0、K2.5、K3.0。

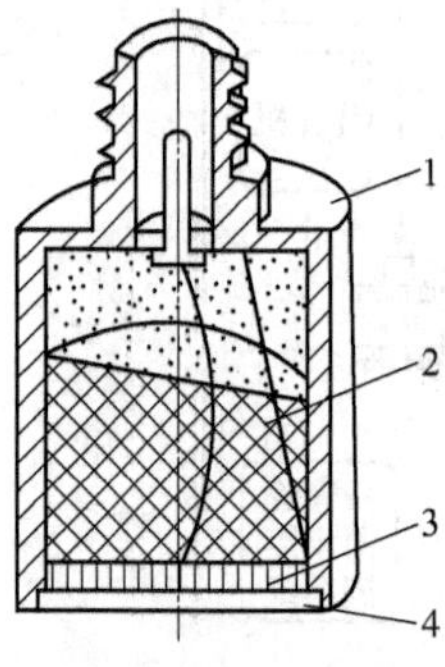

图 3-4　直探头典型结构

1—壳体；2—吸收块；3—压电元件；4—保护膜

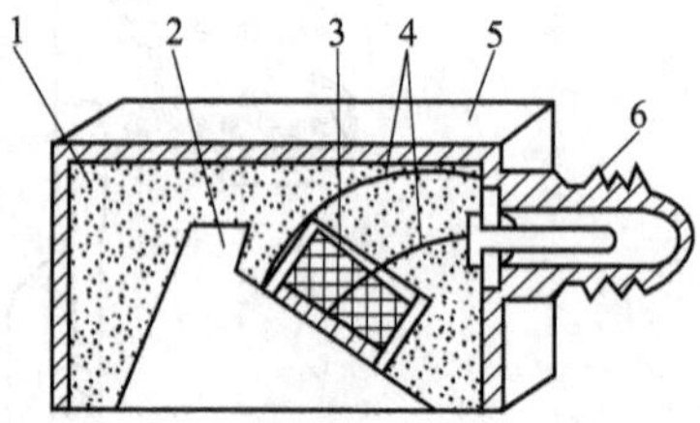

图 3-5　斜探头典型结构

1—吸收块；2—斜楔块；3—压电元件；4—内部电源线；5—壳体；6—接头

(3) 双晶探头　双晶探头又称分割式 TP 探头，内含两个压电晶片，分别为发射、接收晶片，中间用隔声层隔开。主要用于近表面检测和测厚。

2. 探头主要性能

探头性能的好坏，直接影响着检测结果的可靠性和准确性。因此探头性能的有关指标均需按 JB/T 10062—1999《超声探伤用探头性能测试方法》测试，以保证产品质量。

斜探头的入射点、折射角（或 K 值）的测定见任务三，这里仅介绍焊缝超声波检测中斜探头的主要性能。

(1) 折射角 β（或探头 K 值）　β 或 K 值大小决定了声束入射工件的方向和声波传播途径，是缺陷定位计算的一个有用数据。因此探头使用磨损后均需测量 β 或 K 值。β 的偏差不应超过 2°；K 值的偏差不应超过 ±0.1。

（2）前沿长度　声束入射点至探头前端面的距离称前沿长度，又称接近长度，它反映了探头对焊缝可接近的程度。入射点是探头声束轴线与楔块底面的交叉点，探头在使用前和使用过程中要经常测定入射点位置，以便对缺陷准确定位，其偏差不应超过 1mm。

（3）声轴偏斜角　它反映了主声束中心轴线与晶片中心法线的重合程度，除直接影响缺陷定位和指示长度测量精确度外，也会导致检测者对缺陷方向性产生误判，从而影响对检测结果的分析。

不同类型的探头，其主要性能也有所不同，有些性能还受检测仪影响。检测仪与探头组合后的超声检测系统的性能主要有以下几点。

（1）灵敏度余量　超声检测仪在规定的条件下检测出最小缺陷的能力称检测灵敏度。灵敏度余量是指组合灵敏度，用灵敏度余量来表示。它是在规定条件下的标准缺陷检测灵敏度与仪器最大检测灵敏度的差值（以 dB 数表示）。如 GB/T 11345—1989 规定，系统的有效灵敏度必须大于评定灵敏度 10dB 以上。

（2）分辨力　超声检测系统能够区分两个相邻而不连续的缺陷的能力。如 GB/T 11345—1989 规定，斜探头远场分辨力 Z 不小于 6dB；直探头远场分辨力 X 不小于 30dB。

（3）盲区　在规定的检测灵敏度下，从检测面到能够测出缺陷的最小距离。是仪器和探头的重要组合性能之一，表示系统的近距离分辨能力，它是由于始脉冲具有一定宽度和放大器的阻塞现象造成的。随着检测灵敏度的提高，盲区也随之增大。

斜探头及系统性能的检查周期如表 3-1 所示。

表 3-1　斜探头及系统性能的检查周期

检　查　项　目	检　查　周　期
前沿距离折射角或 K 值偏离角	开始使用及每隔 6 个工作日
灵敏度余量分辨力	开始使用、修补后及每隔 1 个月

（三）试块

试块是按一定用途专门设计制作的具有简单形状人工反射体的试件。它是检测设备系统的一个组成部分，也是检测标准的一个组成部分，是判定检测质量的重要尺度。根据使用目的和要求的不同，通常将试块分成以下两大类：标准试块和对比试块。

需特别注意的是检测对象不同，适用标准不同，选用的试块也不同。如 GB/T 19799.1—2005《无损检测　超声检测　1 号校准试块》、GB/T 19799.2—2005《无损检测　超声检测　2 号校准试块》所规定的标准试块，与 JB/T 4730.3—2005《承压设备无损检测　第3 部分：超声检测》标准及其他标准所选用的试块略有不同。

下面介绍一般情况下选用的通用试块。

1. 标准试块

由法定机构对材质、形状、尺寸、性能等作出规定和检定的试块称标准试块。JB/T 8428—2006 规定 CSK-ⅠB（和 CSK-ⅠA 类似）试块（见图 3-6 所示）为焊缝检测用标准试块。

CSK-ⅠB 试块是 ISO-2400 标准试块的改变型，其主要用途：

① 利用 $R100$ 圆弧面测定斜探头入射点和前沿长度，调整探测范围；

② 校验检测仪水平线性和垂直线性；

③ 利用 $\phi1.5$mm 横孔的反射波调整检测灵敏度；

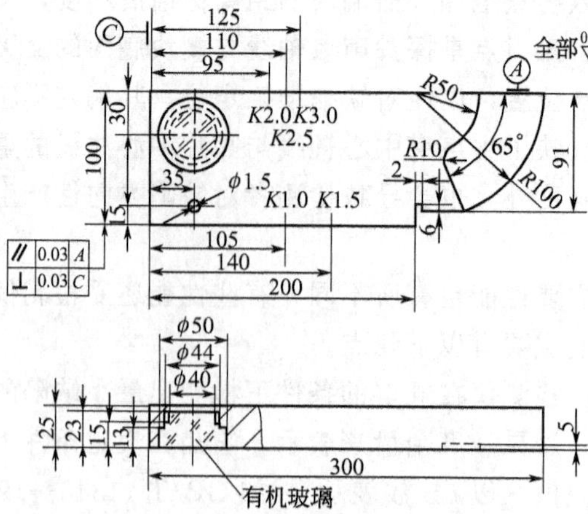

图 3-6 CSK-ⅠB 试块

④ 利用 ϕ50mm 圆孔估测直探头盲区和斜探头前后扫查声束特性，测定斜探头折射角 β（或 K）值；

⑤ 采用测试回波幅度或反射波宽度的方法可测定远场分辨力。

2. 对比试块

对比试块又称参考试块，它是由各专业部门按某些具体检测对象规定的试块。GB/T 11345—1989 规定 RB-1（适应 8～25mm 板厚）、RB-2（适应 8～100mm 板厚）和 RB-3（适用 8～150mm 板厚）为焊缝检测用对比试块。图 3-7 为 RB-2 试块示意图。

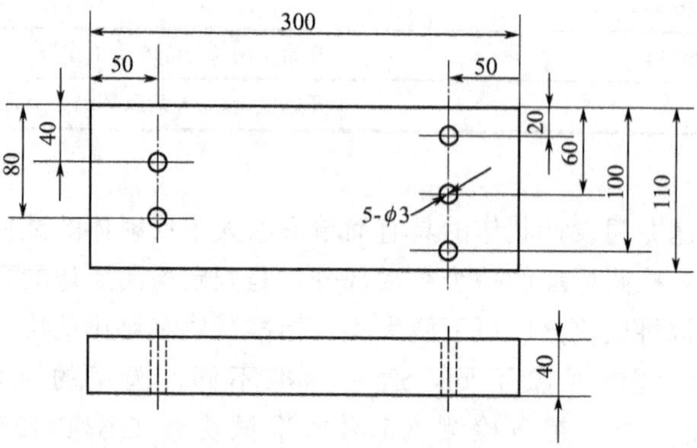

图 3-7 RB-2 试块

RB 试块组主要用于绘制距离—波幅曲线、调整探测范围和扫描速度、确定检测灵敏度和评定缺陷大小，它是工件评级判废的依据。

相关知识 超声波

一、超声波的产生

超声波是频率大于 20000Hz 的机械波。检测中常用的超声波其频率为 0.5～10MHz，其中 2～2.5MHz 被推荐为焊缝检测的公称频率。

1. 超声波的波型

高频机械振动在介质中的传播形成了超声波。根据介质质点的振动方向与波传播方向的关系，焊缝检测中使用的超声波主要有两种波型。

(1) 纵波　质点振动方向与波传播方向一致的波称为纵波或压缩波，用符号 L 表示。

纵波可在固体、液体和气体介质中传播。

(2) 横波 质点振动方向与波传播方向垂直的波称为横波或剪切波，用符号 S 表示。由于传播横波的介质的质点需承受交变剪切力的作用，因此横波只能在固体介质中传播，在没有剪切弹性的液体和气体介质中不能传播。

除纵波和横波外，超声波的波型还有表面波和板波。但这两种波型在焊缝超声检测中很少使用。

2. 超声场及相关术语

超声波达到的空间称为超声场。

(1) 声压 超声场内某点在某瞬时具有的压强与无超声波扰动时该点的静压强之差称为超声压，简称声压，用符号 p 表示。超声场内任一点的声压随时间和距离的改变而变化，其振幅的绝对值与声速和频率成正比。

(2) 声强 单位时间内通过垂直于超声波传播方向的单位面积上的声能量称为声强度，简称声强，用符号 I 表示。声强与声压振幅的平方成正比，与介质的声阻成反比。

(3) 声阻抗 介质密度与声速的乘积称为介质的声阻抗，用符号 Z 表示。

3. 超声波的产生与接收

利用某些材料的物理效应可以实现超声波的发射和接收，实现电能与声能之间的相互转换。

(1) 逆压电效应与超声波的发射 在石英、钛酸钡、硫酸锂等天然或人工压电材料制成的压电晶片两面施加高频的交变电场，以致在晶片的厚度方向上出现相应的压缩和伸长变形，这一现象称为压电材料的逆压电效应。在逆压电效应作用下，压电晶片将随外加电压的变化在其厚度方向上作相应的超声振动，发出超声波。

(2) 压电效应与超声波的接收 沿压电晶片厚度方向作超声振动，压电晶片的表面随之产生交变电压的现象称为压电材料的压电效应。接收来自超声振动所产生的交变电压即实现了超声波的接收。

在超声波检测中，实现上述电—声相互转换的元件称为超声波换能器，一般叫探头。发射和接收纵波的称直探头，发射和接收横波的称斜探头或横探头。

二、超声波的性质

检测用超声波具有以下性质。

1. 良好的指向性

超声波具有良好的指向性，包括以下两个方面。

(1) 直线性 超声波的波长很短，因此它在弹性介质中能像光波一样沿直线传播，并符合几何光学规律，同时声速对于固定介质是常数。故检测时即可根据超声波传播时间求得缺陷的距离。

(2) 束射性 声源发出的超声波能集中在一定区域（超声场）定向辐射。一般说来具有以下两个特点。

① 超声波的能量主要集中在 2θ（θ 为半扩散角）以内的锥形区域内［见图 3-8(a)］。θ 越小，波束指向性越好，超声波能量集中，检测灵敏度高，分辨力高，定位精确。同时，波长越短（或频率越高），压电晶片直径（声源尺寸）越大，声束指向性越好。

② 近场区中由于波的干涉，声压起伏很大［见图 3-8(b)］。当处于声压极大值处时，即使较小缺陷回波也较高；而处于声压极小值处时，即使较大缺陷回波也较低，这必将引起误判。所以，检测中总是尽量避免在近场区。

③未扩散区［见图 3-8(a)］内，波阵面近似平面，声场可看成是平面波声场，平均声压基本不变；扩散区其主波束可视为底面直径为 D 的截头圆锥体，当 $X \geqslant 3N$ 时，波束按球面波规律扩散。

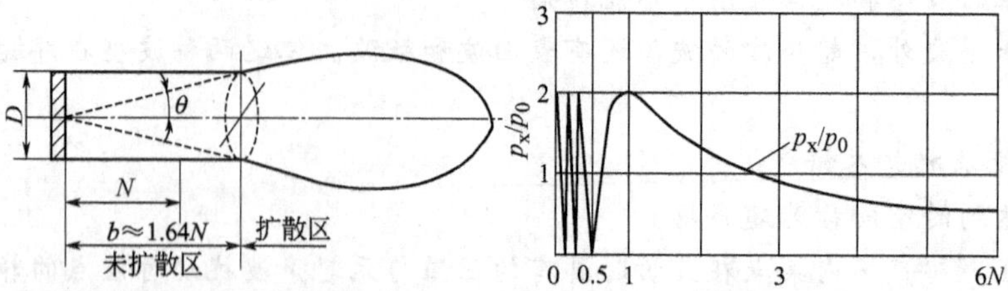

(a) 声束未扩散区与扩散区(N-近场长度)　(b) 轴线上声压分布

图 3-8　圆盘源超声场

2. 能在弹性介质中传播，不能在真空中传播

检测中通常把空气介质作真空处理，即认为超声波不能通过空气进行传播。

3. 通过界面时产生透射、反射、折射和波型转换

超声波从一种介质入射到另一种介质，经过不同介质界面时将产生以下几种情况。

(1) 垂直入射不同介质界面　当超声波从一种介质垂直入射到第二种介质上时，一部分能量反射而形成与入射波方向相反的反射波，其余能量则透过界面产生与入射波方向相同的透射波。超声波反射能量 $W_{反}$ 与超声波入射能量 $W_{入}$ 之比称之为超声波能量反射系数，即 $K=W_{反}/W_{入}$。显然，不同介质界面上的反射系数是不同的，其中固—气界面反射现象严重，$K \approx 100\%$，因此，检测中良好的耦合是必要条件。而焊缝金属与其缺陷构成的不同介质界面产生的反射则是焊缝超声波检测的必要条件。

当界面尺寸很小时，声波将能绕过其边缘继续前进，即产生波的绕射。由于绕射使反射波减少，一般认为超声波检测中能探测到的最小缺陷尺寸为 $\lambda/2$（λ 为超声波的波长）。显然，超声波的频率越高能探测到缺陷越小。

(2) 倾斜入射不同介质界面　若超声波由一种介质斜射到另一种介质时，在不同介质界面上将会产生波的反射和折射，并产生波型转换，如图 3-9 所示。

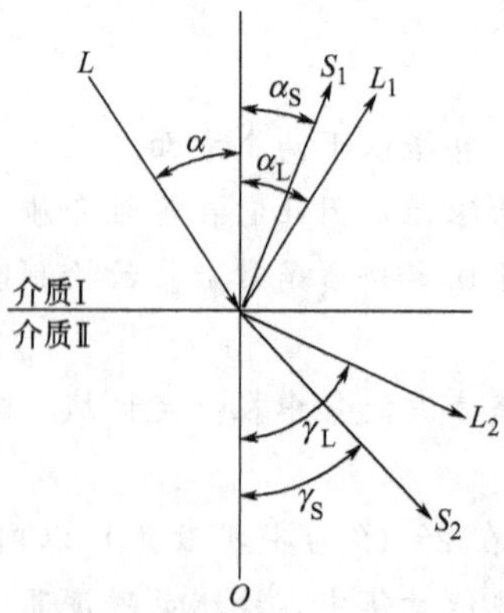

图 3-9　超声波纵波倾斜入射时的反射与折射

按几何光学原理，不同波型的声波入射角、反射角、折射角的关系为

$$\frac{\sin\alpha}{C_L}=\frac{\sin\alpha_L}{C_{L1}}=\frac{\sin\alpha_S}{C_{S1}}=\frac{\sin\gamma_L}{C_{L2}}\frac{\sin\gamma_S}{C_{S2}}$$

式中 C_L，C_{L1}——介质Ⅰ的纵波声速，m/s；

C_{S1}——介质Ⅰ的横波声速，m/s；

C_{L2}——介质Ⅱ的纵波声速，m/s；

C_{S2}——介质Ⅱ的横波声速，m/s；

α——声波入射角，(°)；

α_L——纵波反射角，(°)；

α_S——横波反射角，(°)；

γ_L——纵波折射角，(°)；

γ_S——横波折射角，(°)。

4. 具有可穿透物质的特性

超声波这一性质与射线相似，但超声波具有更强的穿透能力，一般可达数米远。所以超声波检测的探测深度较大，这是其他检测方法不能比拟的。

三、超声波的衰减

超声波的衰减主要有以下三个原因。

1. 散射引起的衰减

声波在不均匀和各向异性的金属晶粒界面上将产生折射、反射和波型转换等引起散射导致衰减。频率越高、晶粒尺寸越大，散射引起的衰减越厉害。

2. 吸收引起的衰减

超声波传播时，介质质点间产生相对运动，互相摩擦使部分声能转换为热能，通过热传导引起衰减。对于液体介质吸收衰减是主要因素。

3. 声束扩散引起的衰减

这是因为随着传播距离的增大，波束截面增大使单位面积上声能逐渐减少所致。

思考与练习

1. 网上搜索超声波检测的国家标准和行业标准，并比较其适用范围。
2. 网上搜索超声波检测正在修订的国家标准和行业标准，其变化趋势是什么？
3. 查阅 GB/T 11345—1989 标准适用哪种焊缝检测？不适用哪些焊缝？
4. 什么是纵波？什么是横波？在固体、液体中能传播什么波型？
5. 什么是超声场？
6. 超声波在介质中传播产生衰减的原因是什么？
7. 什么是压电效应？
8. 查阅超声波检测用主要试块，分析其异同。

任务二　直接接触法超声波检测

根据工件与探头之间耦合方式的不同，分为直接接触法和液浸法两种。液浸法常用于坯材和型材自动检测、某些特殊工件检测和焊缝的精密检测。直接接触法检测是工件与探头之间涂很薄的耦合剂来发送和接收超声波的一种检测法，在实际生产中应用最广。

一、工艺准备

1. 检测人员资格要求

焊缝检测人员必须掌握超声波检测的基本技能，有足够的检测经验，掌握一定的材料与焊接知识。须经专门培训和严格考核，持有相应组织考核颁发的等级资格证书，从事相应考核项目的检验工作。

2. 检验等级及检测灵敏度的选择

根据工件材质、结构、焊接方法及承受载荷的不同，检验等级分为A、B、C三级，检验的完善程度A级最低、B级一般、C级最高。检验工作的难度系数按A、B、C顺序逐级增高。检验等级应合理选择或双方协议选定。

检测灵敏度是指在确定的探测范围内的最大声程处发现规定大小缺陷的能力。GB/T 11345—1989规定：距离-波幅曲线由判废线（*RL*）、定量线（*SL*）和评定线（*EL*）组成（如图3-10所示），不同检验等级的各线灵敏度如表3-2所示。

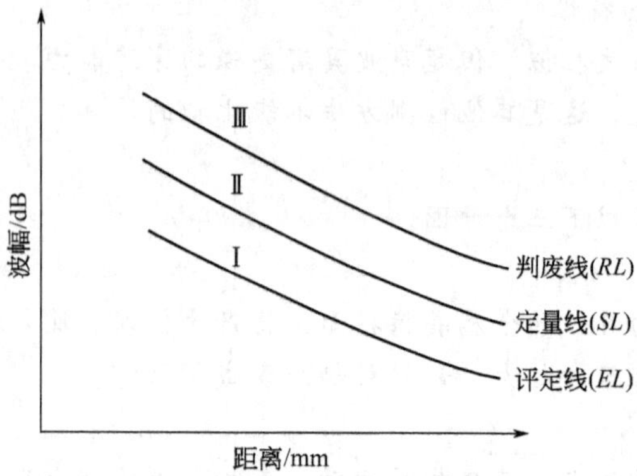

图3-10 距离-波幅曲线示意图

表3-2 距离-波幅曲线的灵敏度（GB/T 11345—1989）

检验等级 / DAC	A	B	C
	板厚 δ/mm		
	8～50	8～300	8～300
判废线（*RL*）	DAC	DAC-4dB	DAC-2dB
定量线（*SL*）	DAC-10dB	DAC-10dB	DAC-8dB
评定线（*RL*）	DAC-16dB	DAC-16dB	DAC-14dB

注：1. 表中DAC曲线是以$\phi 3$标准反射体绘制的距离-波幅曲线，即DAC基准线。

2. 探测横向缺陷时，应将各线灵敏度提高6dB。

3. 检测面的准备

超声波检测中，检测区包括焊缝与焊缝两侧各相当于30%母材厚度的区域。图3-11为检测区域示意图。而探头前后左右移动扫查时要保证声束扫查到整个焊缝截面，采用一次反射法或串列式扫查检测，移动区宽度应大于$1.25P$。

$$P=2\delta\tan\beta \text{ 或 } P=2\delta K$$

式中 P——跨距，mm；

δ——母材厚度，mm。

采用直射法检测时，移动区宽度应大于$0.75P$。

检测前必须对探头需接触的区域清除飞溅、浮起的氧化皮和锈蚀等，且表面粗糙度不人于$R_a 6.3$。要求去除余高的焊缝，如焊缝表面有咬边、较大的隆起和凹陷等，也应进行适当

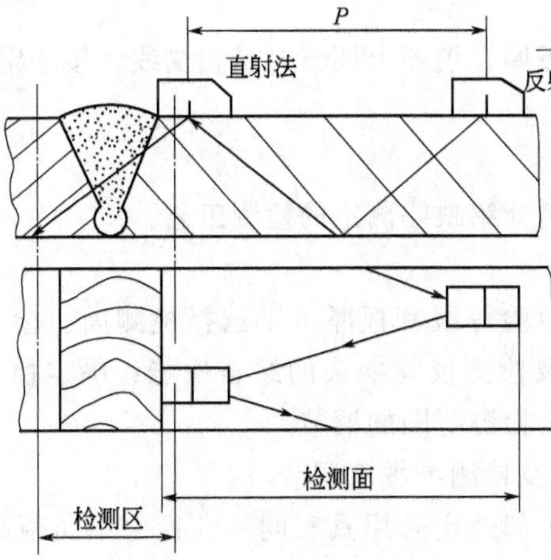

图 3-11　检测区与探头移动区

的修磨并作过渡圆弧，以免影响结果的评定。

4. 检测方法的选择

根据工件的结构、缺陷生成的几率和检测原理，结合有关标准进行选择，参见表 3-3。

表 3-3　检测面、检测方法及折射角选择

板厚/mm	检测面			检测方法	折射角选择
	A	B	C		
≤25	单面单侧	单面双侧或双面单侧		直射法及一次反射法	70°(*K*2.5,*K*2.0)
25～50	单面单侧	单面双侧或双面单侧		直射法及一次反射法	70°或 60°(*K*2.5,*K*2.0,*K*1.5)
50～100	无 A 级	单面双侧或双面单侧		直射法	45°或 60°(*K*1 或 *K*1.5)；45°和 60°(*K*1 和 *K*1.5)；45°和 70°(*K*1 和 *K*2.0)并用
＞100	无 A 级	双面双侧		直射法	45°和 60°(*K*1 和 *K*1.5 或 *K*2.0)并用

5. 检测仪选择

应根据场地、工件大小、结构特点、检验要求及相关标准，从水平性、垂直性、衰减、灵敏度、分辨力、盲区大小、抗干扰等方面合理选择。

6. 探头的选择

探头的选择主要从探头型式、晶片尺寸、频率等来选择。一般地焊缝探测宜选择斜探头；大厚度工件或粗晶材料检测宜采用较低频率的大晶片探头，而晶粒细小、较薄工件或表面曲率较大的工件检测，宜选用较高频率的小晶片探头。

焊缝检测时，一般选用 2～5MHz 频率，推荐采用 2～2.5MHz。

7. 探头角度或 *K* 值选择

应根据工件厚度和缺陷方向性选择，即尽可能探测到整个焊缝厚度并使声束尽可能垂直于主要缺陷。关于探头角度 *K* 值与板厚的关系，参见表 3-3。

8. 耦合剂的选用

耦合剂的作用在于排除空气、填充间隙、减少探头磨损，便于探头移动。常用的耦合剂有机油、变压器油、甘油、化学浆糊、水及水玻璃等。焊缝检测中多采用化学浆糊和甘油。

9. 检测范围的调节

检测范围的调节就是按板厚在仪器上调节时基扫描线，按一定比例调节后，使扫描线的格数代表声程距离。

二、缺陷测定

下面以平板对接焊缝为例介绍缺陷测定的检测工艺。

1. 工艺准备

确定检验等级，按不同检验等级和板厚范围选择检测面、检测方法和斜探头折射角 K 值（见表 3-3）；测试检测仪及检测仪与探头的组合性能；确定检验区域的宽度及探头移动区；选用适当的耦合剂；仪器检测范围的调节。

2. 距离-波幅曲线的绘制及检测灵敏度调节

目前国内焊缝检测标准大都规定采用具有同一孔径、不同距离的横孔试块制作距离-波幅曲线（DAC 曲线）。GB/T 11345—1989 规定，板厚 $8mm<\delta\leqslant 100mm$ 时采用横通孔的 RB-2 对比试块。检测灵敏度采用深度调节定位法调节。

① 先测定探头入射点和折射角，调节时基轴。然后把试块上探测距离 $A_1=10mm$ 的 $\phi3$ 横通孔回波调至最高，再调至基准波高（一般为满刻度的 40%），记下 dB 读数 V_1（假定为 40dB）。根据 V_1、A_1 在坐标纸上作出点（1）（V_1，A_1）。

② 将试块探测距离 $A_2=20mm$ 的 $\phi3$ 横通孔的回波调至最高。这时因声程增加，回波低于基准波高，只需把仪器的衰减器（－dB）将回波调至基准高度即可。记下 dB 读数 V_2，根据 V_2、A_2 在坐标纸上作出点（2）（V_2，A_2）。

③ 同上依次测定探测距离 $A=30mm$、40mm、…的 $\phi3$ 横通孔的 dB 读数 V_3、V_4、…。在坐标纸上依次作出点（3），（4），…。

④ 将上述各点连接起来，就得到 $\phi3$ 横通孔的距离-波幅曲线，如图 3-12 所示。实际上，它就是所用探头焊缝检测的实用 DAC（AVG）曲线。

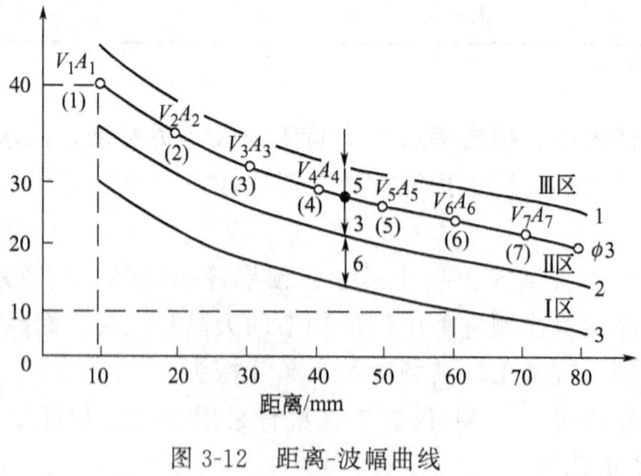

图 3-12 距离-波幅曲线

1—判废线；2—定量线；3—评定线

⑤ 按照 GB/T 11345—1989 规定的灵敏度要求（表 3-2），在坐标纸上再作出判废线 1、定量线 2 和评定线 3。

⑥ 据标准规定，检测灵敏度不得低于定量线。若探测焊缝板厚 $\delta=30mm$，则查得 $2\delta=60mm$ 时定量线的 dB 数为 10，把仪器调到 10dB 即可进行检测。若考虑到表面粗糙度和材质补偿，则检测灵敏度还应提高一个补偿 dB 数。如补偿量为 6dB，则灵敏度再提高 6dB。

为了方便起见，在制作判废线、评定线和定量线时，就将这个补偿考虑进去，即三条线同时向下平移 6dB（图 3-12 中未予考虑）。

3. 探头扫查方式选择

探头扫查方式有单探头扫查和双探头扫查两种，应根据粗、精检测及缺陷情况进行选择。

三、缺陷估判

1. 缺陷位置确定

为了缺陷定位方便，焊缝检测中推荐：厚板（$\delta \geqslant 32$mm）采用深度调节法，中薄板（$\delta \leqslant 24$mm）采用水平调节法。

（1）深度调节法　先计算 $R50$、$R100$ 圆弧反射波 B_1、B_2 对应深度 h_1、h_2 的值：$h_1 = 50\cos\beta$，$h_2 = 100\cos\beta$（β 为实测值）。将探头入射点对准 CSK-ⅠB 标准试块的圆心，调节仪器使反射波 B_1、B_2 前沿分别对准示波器上相应水平刻度值，即深度 1∶1 已调节好。采用一次波检测时，缺陷的深度位置 h_f 即刻度指示值 τ_f，水平距离 $l_f = \tau_f \times \tan\beta$；采用二次波检测时，缺陷的深度位置 $h'_f = 2\delta - \tau_f$，水平距离 $l'_f = \tau_f \times \tan\beta$。

（2）水平调节法　先计算 $R50$、$R100$ 圆弧反射波 B_1、B_2 对应水平距离 l_1、l_2 的值：$l_1 = 50\sin\beta$，$l_2 = 100\sin\beta$（β 为实测值）。将探头入射点对准 CSK-ⅠB 标准试块的圆心，调节仪器使反射波 B_1、B_2 前沿分别对准示波器上相应水平刻度值，即水平距离 1∶1 已调节好。此时 $l_f = \tau_f$，$h_f = \dfrac{\tau_f}{\tan\beta}$；$l'_f = \tau_f$，$h'_f = 2\delta - \dfrac{\tau_f}{\tan\beta}$。

2. 缺陷大小估判

缺陷的大小，包括缺陷的面积和长度。测定工件或焊接接头中缺陷的大小和数量称为缺陷定量，常用的定量方法有两种：探头移动法（又称测长法）和当量法。

（1）探头移动法　对于尺寸或面积大于声束直径或断面的缺陷，一般用探头移动法来测定其指示长度或范围。

GB/T 11345—1989 规定，缺陷指示长度 ΔL 的测定推荐采用以下两种方法。

① 当缺陷反射波只有一个高点时，先找到最高缺陷反射波作基准，用降低 6dB 相对灵敏度法测定的移动长度确定为缺陷指示长度，原理见图 3-13。

② 在测长扫查过程中，如发现缺陷反射波峰值起伏变化，有多个高点，则以缺陷两端最高缺陷反射波作基准，用降低 6dB 相对灵敏度法测定的移动长度确定为缺陷指示长度，即为端点峰值法，原理见图 3-14。

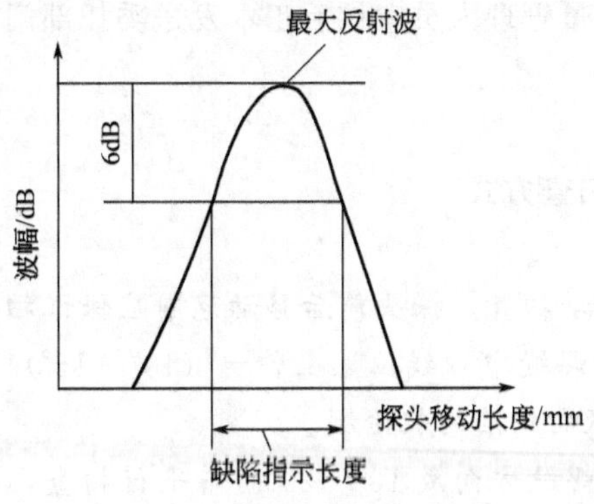

图 3-13　相对灵敏度测长法

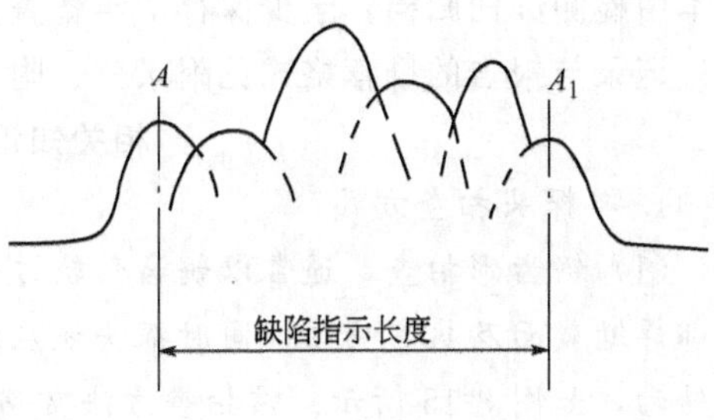

图 3-14　端点峰值测长法

(2) 当量法 当缺陷尺寸小于声束截面时，一般采用当量法来确定缺陷的大小。

3. 缺陷性质的估判

焊缝中缺陷的性质与产生的部位、大小和分布情况有关。因此，可根据缺陷波的大小、位置、探头运动时波幅的变化特点，结合焊接工艺情况对缺陷性质进行综合判断。因在很大程度上要依靠检验人员的实际经验和操作技能，故较难掌握。

4. 焊缝质量评定

(1) 缺陷评定 超过评定线的信号应注意其是否具有裂纹等危害性缺陷特征。如有怀疑时，应采取改变探头角度、增加检测面、观察动态波形、结合结构工艺特征作判定。如对波形不能准确判断时，应辅以其他检测方法（如射线照相法）作综合判定。表 3-4 为缺陷的等级分类。

表 3-4 缺陷的等级分类

检验等级 / 评定等级	A	B	C
	8～50	8～300	8～300
Ⅰ	$\frac{2}{3}\delta$;最小 12	$\frac{\delta}{3}$;最小 10,最大 30	$\frac{\delta}{3}$;最小 10,最大 20
Ⅱ	$\frac{3}{4}\delta$;最小 12	$\frac{2}{3}\delta$;最小 12,最大 50	$\frac{\delta}{2}$;最小 10,最大 30
Ⅲ	$<\delta$;最小 20	$\frac{3}{4}\delta$;最小 16,最大 75	$\frac{2}{3}\delta$;最小 12,最大 50
Ⅳ	超过Ⅲ级者		

(2) 检验结果的等级分类

① 最大反射波幅位于Ⅱ区（参见图 3-12）的缺陷，根据缺陷的指示长度按表 3-3 的规定予以评级。

② 最大反射波幅不超过评定线的缺陷，均评为Ⅰ级。

③ 最大反射波幅超过评定线的缺陷，检验者判定为裂纹等危害性缺陷时，无论其波幅和尺寸如何，均评为Ⅳ级。

④ 反射波幅位于Ⅰ区的非裂纹性缺陷，均评为Ⅰ级。

⑤ 反射波幅位于Ⅲ区的缺陷，无论其指示长度如何，均评为Ⅳ级。

四、记录与报告

验收合格的焊缝应将检测数据、工件及工艺概括归纳在检测的原始记录中，并签发检验报告。检验报告是焊缝超声检验的存档文件，经质量管理人员审核后正本发送委托部门，其副本由检测部门归档，至少保存 7 年备查。

记录与报告的推荐格式见附录三、附录四。

相关知识 探头扫查方式

1. 单探头扫查方式

(1) 锯齿形扫查 通常以锯齿形轨迹作往复移动扫查，探头前后移动范围应保证扫查到全部焊缝截面及热影响区，同时探头还应在垂直于焊缝中心线位置上作±（10°～15°）的左右转动，如图 3-15 所示。该扫查方法常用于焊缝纵向缺陷的粗检测。

(2) 斜平行扫查 C 级检查，其特点是探头与焊缝方向成 10°～20°的斜平行扫查，如图 3-16(a) 所示，有助于发现焊缝及热影响区的横向裂纹和与焊缝方向成倾斜角度的缺陷。在

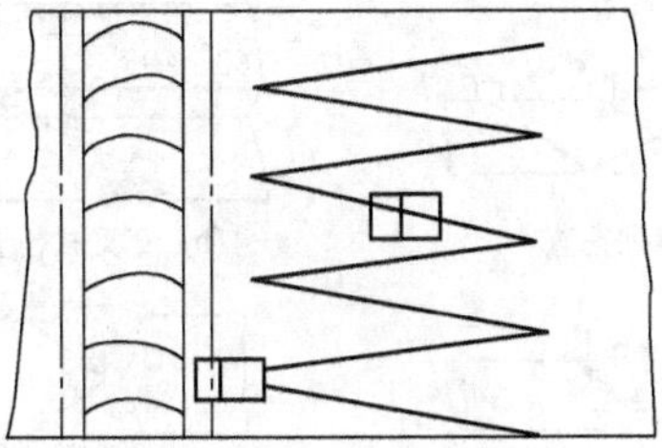

图 3-15　锯齿形扫查

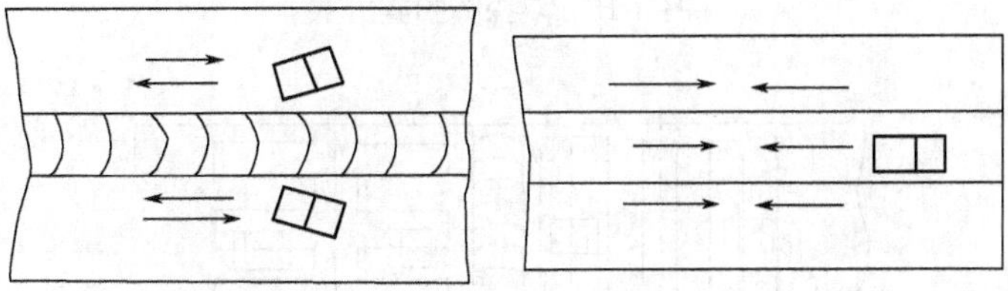

(a) 斜平行扫查　　(b) 平行扫查

图 3-16　斜平行和平行扫查

电渣焊接头的检测中，增加45°的斜平行扫查，可避免焊缝中“八”字形裂纹的漏检。

(3) 平行扫查　C级检查，作平行于焊缝的移动扫查，如图3-16(b) 所示，可探测焊缝及热影响区的横向缺陷粗检测（如横向裂纹）。

(4) 基本扫查　为确定缺陷的位置、方向、形状等情况或确定讯号的真伪，可采用四种探头基本扫查方式扫查，如图3-17所示。其中，转角扫查的特点是探头作定点转动，用于确定缺陷方向并可区分点、条状缺陷，同时，转角扫查的动态波形特征有助于对裂纹的判断；环绕扫查的特点是以缺陷为中心，变换探头位置，主要估判缺陷形状，尤其是对点状缺陷的判断；左右扫查的特点是平行于焊缝或缺陷方向作左右移动，用于估判缺陷形状，特别是可区分点、条状缺陷，在定量法中常用来测定缺陷指示长度；前后扫查的特点是探头垂直于焊缝前后移动，常用于估判缺陷形状和估计缺陷高度。

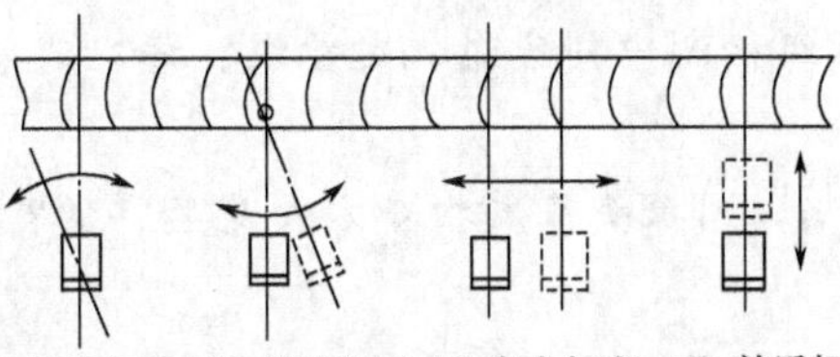

(a) 转角扫查 (b) 环绕扫查 (c) 左右扫查 (d) 前后扫查

图 3-17　四种探头基本扫查方式

2. 双探头扫查方式

双探头扫查（见图3-18）是为了实现某种特殊的目的而采取的检测方法。串列扫查其特点为两个斜探头垂直于焊缝前后布置，进行横方形扫查或纵方形扫查（见图3-19），GB/T 11345—1989规定在C级检测中使用，主要用于探测厚焊缝中垂直于表面的竖直面状缺陷，特别是反射面较光滑的缺陷（如窄间隙焊中的未熔合）；交叉扫查其特点为两个探头置于焊缝的同侧或两侧且成60°～90°布置，用于探测焊缝中的横向或纵向面状缺陷；V或K形扫查是用两个探头置于焊缝的两侧且垂直于焊缝对称布置，可探测与检测面平行的面状缺陷，如多层焊的层间未熔合。

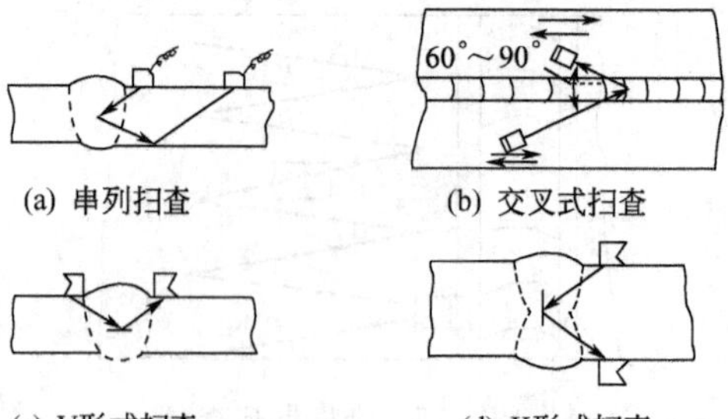

图 3-18 双探头扫查方式

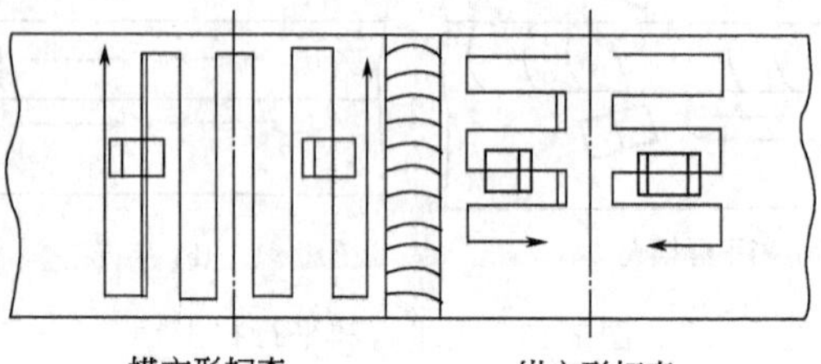

图 3-19 横方形扫查或纵方形扫查

注意：粗检测是以发现缺陷为主要目的，包括纵向缺陷的探测、横向缺陷的探测、其他取向缺陷的探测、鉴别结果的假信号等。精检测是以缺陷为核心，进一步确切地测定缺陷的有关参数，以及对可疑部位更细致的鉴别工作。缺陷的有关参数是指：缺陷的位置参数（纵向坐标、横向坐标、深度坐标）、缺陷的尺寸参数（最大回波幅度 dB 数及在距离-波幅曲线上分区的位置、缺陷的当量或缺陷指示长度）、缺陷的形状参数（形状参数是指缺陷的长度、体积、面状及密集性）、取向参数（取向参数则指缺陷方向与焊缝方向间的倾斜角度关系）。

思考与练习

1. 什么是 DAC 曲线？B 级检测中判废线、定量线、评定线以 DAC 为基准时是如何规定其灵敏度的？

2. 为了检测焊接纵向缺陷，斜探头基本扫查方式是怎样的？发现缺陷后、探头有哪几种移动方式？

3. 斜探头选择折射角（或 K 值）的依据是什么？

4. 超声波检测的操作步骤有哪些？

5. 超声波检测对检测人员有什么要求？

6. 超声波检测对工件表面有什么要求？

任务三 超声波检测实训

一、目的

了解常用超声波检测仪的性能、调试和操作，掌握试块的使用方法，探头的性能测定、选择和使用技能。熟悉对接焊缝试件的检测，巩固超声波检测的基本知识。

二、原理

利用超声波遇到缺陷产生反射回波的特性，对仪器与探头的性能或构件缺陷进行检测。超声波检测仪器与探头的性能是通过标准试块中人为缺陷反射超声波来检测的。构件缺陷检测是利用探头发射超声波扫描试件内部，在荧光屏上可得到工件两界面（表面及底面）的反射波，如工件内部有缺陷，则缺陷将产生缺陷反射回波并显示在两界面波之间。缺陷波峰距两界面波之间的距离即缺陷至两界面之间的距离，缺陷大小及性质可按相关标准确定。

三、设备与器材

1. ECHOPE 220 或 ECHOPE230 检测仪

2. CSK-ⅠB，RB-2 试块，5Z10X10A60 斜探头

3. 钢丝刷，耦合剂

4. 对接焊焊接试件

四、步骤与规范（以 ECHOPE 为例）

1. 仪器操作

① 插入 220V 电源于充电器中，打开开关，面板电源指示应在红区中段并听到内部有约 2kHz 的微弱声音，约 1min 后荧光屏上出现扫描基线。

② 面板旋钮操作。如图 3-20 所示，工作方式开关可选单工作状态或双工作状态。对一般工件进行检测配用 SHN-D 系列探头时可选固定的中等发射强度。可变发射强度主要适于配用 SHN-Z 系列探头配用。

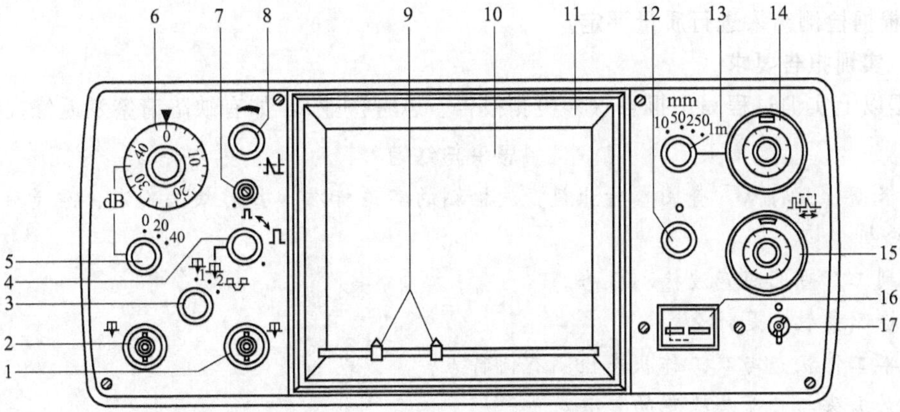

图 3-20　ECHOPE 220 面板图

1—“发”插座；2—“收”插座；3—工作方式选择；4—发射强度；5—粗衰减器；6—细衰减器；7—抑制；8—增益；9—定位游标；10—示波管；11—遮光罩；12—聚焦；13—深度范围；14—深度微调；15—脉冲移位；16—电源电压指示器；17—电源开关

探测范围调节包括粗探和微探二钮，当微调置于“0”时，荧光屏显示的探测范围略小于粗调挡，而置于“10”时，探测范围比置“0”时大 5 倍以上，即大于粗调开关下一挡级的标称值。

2. 检测仪及探头性能测试

① 灵敏度测试。按规定灵敏度余量在 30dB 以上时合格。

② 分辨力测试。利用 CSK-ⅠB 试块 $\phi 50$、$\phi 44$ 两孔面反射波测试，首先将 $B_{\phi 50}=B_{\phi 44}$，并使波高为垂直高度的 20%～30%，再减少其衰减量，使波高回到原来的高度。衰减器的 dB 差即其组合件远场分辨力，6dB 以上合格。

③ 斜探头入射点测定。如图 3-21(a) 所示，将斜探头置于 CSK-ⅠB 试块上探测 $R100$ 曲面反射（注意探头声束必须与试块两侧相平行），移动探头使 $R100$ 曲面反射波最高，此时与 $R100$ 曲面圆心对应的斜探头上的点即为入射点。

④ 斜探头入射角的测试。如图 3-21(b)、(c) 所示，将斜探头置于 CSK-ⅠB 试块上，探测 $\phi50$ 圆孔。A 为 45～60 左右时测试点如图 3-21(b) 所示位置，A 为 60 以上时测试点如图 3-21(c) 所示位置。测得 $\phi50$ 圆孔反射波最高，斜探头入射点与试件上刻度对应的 β 即为斜探头的入射角。

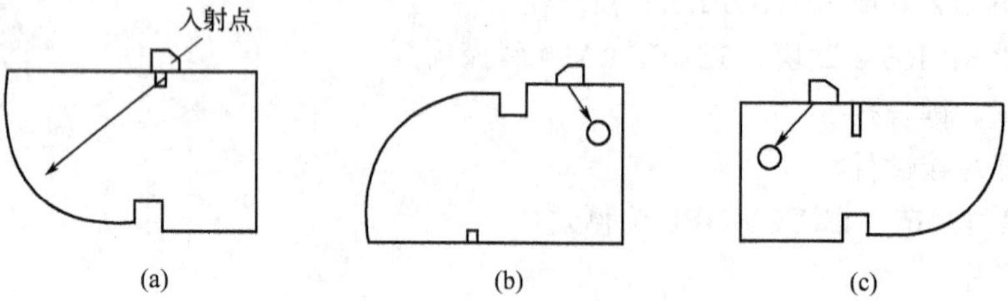

图 3-21 斜探头入射点及入射角的测定

3. 检测

① 根据工件厚度，按 1∶1 调节检测仪时基扫描速度。

② 制作 DAC 曲线，调节检测仪灵敏度不低于评定线，再增加 6dB 作表面补偿。

③ 清理工件表面，涂上耦合剂进行检测。

④ 根据检测结果进行质量评定。

五、实训报告要求

根据以上实训过程写出报告（含检测报告、思考作业），如有缺陷请签发返修报告。

思考与练习

1. 根据行业特点，查阅本行业超声波检测的实施标准，并对缺陷判定、质量评定的标准作出分析。

2. 到工厂查阅超声波检测报告。

3. 检测灵敏度是什么？

4. 单工作状态与双工作状态检测有何特点？

5. 斜探头与直探头检测的差异？

6. 测量斜探头入射点、入射角的目的和作用？

项目四 磁粉检测

磁粉检测（MT）是利用缺陷处漏磁场与磁粉相互作用而产生磁痕的原理，检测铁磁性材料表面及近表面缺陷的一种无损检测方法。是常用的磁力检测方法（即磁粉法、磁敏探头法和录磁法）之一。

本项目的任务是掌握磁粉检测的原理与工件磁化方法、磁粉检测的应用，并进行磁粉检测实验实训。

任务一 磁粉检测的原理与工件磁化方法

一、磁粉检测的原理

1. 磁粉检测的基本原理

铁磁材料的工件被磁化后，其表面和近表面的缺陷处磁力线发生变形，逸出工件表面形成漏磁场。通过漏磁场吸引磁粉堆积显示缺陷，进而确定缺陷的位置（甚至形状、大小和深度），这就是磁粉检测的基本原理。

2. 磁场的产生方法及分类

磁粉检测一般是通过电磁感应产生磁场。按电源可分为交流磁化法和直流磁化法两类，按通电方式可分为载电长直导线法和通电螺旋管法两种。

3. 磁粉检测的适应性与局限性

磁粉检测既可用于板材、型材、管材及锻造毛坯等原料及半成品表面及近表面质量的检验，又可用于重要机械设备、压力容器及石油化工设备的定期检查。在焊接产品的生产过程中，磁粉检测是焊接以前检验母材、焊接过程中和焊接以后检验焊缝及其热影响区裂纹等缺陷的主要手段之一。

磁粉检测的优点主要是：可以直观地显示出缺陷的形状、位置与大小，并能大致确定缺陷的性质；检测灵敏度高，可检出宽度仅为 0.1μm 的表面裂纹；应用范围广，几乎不受被检工件大小及几何形状的限制；工艺简单，检测速度快，费用低廉。

它的局限性是不能检查非磁性材料及内部埋藏较深的缺陷。

二、磁化装置的分类

磁粉检测机的形式多样，有磁化装置（或称磁化设备、磁化部件）、夹持装置、磁粉喷洒装置和退磁装置等。磁化装置是磁粉检测机的主体部分，其余为附属装置。

磁粉检测机的主体部分可按下述方式分类。

① 按携带方式分类：手提式、移动式和固定式。

② 按磁化电流分类：直流电式、交流电式、半波整流电式、全波整流电式、穿棒通电式、感应电流式、交叉充电式及充电充磁综合式等。焊缝磁粉检测用磁化电流为直流电、全波整流电、半波整流电及交流电。

③ 按充电方向或充磁方向及结构特点分类：纵向充电式（周向磁化法）、纵向磁化式

(磁轭法)、摆动磁场式和旋转磁场式等。

三、磁粉与磁液

磁粉是磁粉检测的显示介质，磁悬液的配制和载液的选定，对磁粉检测的显示至关重要。

(一) 磁粉

磁粉是用以显示缺陷的，磁粉的质量对检测效果影响极大，磁粉可分为非荧光磁粉和荧光磁粉两大类。非荧光磁粉即普通的日光或灯光照明下可观察到的磁粉，常采用四氧化三铁(Fe_3O_4)或氧化铁(γ-Fe_2O_3)铁粉。荧光磁粉由荧光物质黏结磁粉而成，在紫外线光下激发出黄绿色荧光。磁粉的性能指标主要有磁性、粒度、颜色、形状、密度等。

1. 磁性

磁粉应具有高磁导率，容易被缺陷所产生的漏磁场磁化和吸附。磁粉还应具有低矫顽力和低剩磁，以利于在配制剩磁液时易于分散及反复使用。

实际应用时均采用磁性称量法[1]来测定磁性。非荧光磁粉的磁性称量在 7g 以上即可用于湿法磁粉检测，达 15g 以上则满足干法磁粉检测要求，荧光磁粉可略低于此值。

2. 粒度

磁粉的粒度是指它的颗粒大小。磁粉的颗粒大小对它的悬浮性以及漏磁场对磁粉的吸附均有影响。

用干粉法时磁粉颗粒度范围应为 10～60μm，用湿粉法磁粉粒度范围则要求稍细，1～10μm 为好。荧光磁粉由于外面有包覆层，其粒度约为 5～25μm。

实际检测时，要求磁粉粒度不小于 200 目即可。粒度 200 目的磁粉，单个微粒直径约为 7μm 左右。

3. 磁粉的颜色

磁粉有黑色、棕色、银白色和荧光磁粉等几种。

它们是经过烘焙或敷涂涂料后得到的，选择原则是要求得到最大的衬度。

除了上述指标，磁粉还有形状、密度及流动性等要求。

(二) 磁悬液

磁粉与油或水按一定比例混合而成的悬浮液体称为磁悬液。用油配制磁悬液时，特别是配制荧光磁粉的磁悬液时，应优先选用轻质、低黏度、闪点在 60°以上的无味煤油。变压器油或变压器油与煤油的混合液也可作为悬浮磁粉的载液。磁粉在变压器油中的悬浮性好，但其运动黏度较大，故用变压器油作载液的灵敏度不如用煤油的高。自来水也可以用来配制磁悬液，但要在水中加入润湿剂、防锈剂和消泡剂，以保证磁悬液有良好的使用性能。

磁悬液的浓度(即每升液体中所含有的磁粉克数)对检测的灵敏度有很大的影响。一般要求磁悬液的浓度为：非荧光磁粉 10～15g/L；荧光磁粉 1～2g/L。

四、磁化方法

在外加磁场的同时，把磁粉(荧光或非荧光)喷洒在试件上，待喷洒完磁粉后停电再进行检查的磁粉检测法称为外加磁场法或连续法。喷洒磁粉的方法有两种：一种是用湿磁粉悬浮液喷洒在试件上，简称湿法；另一种是用干磁粉撒在试件上，简称干法。

1. 外加磁场湿法检测

---

[1] 即用大小一定的磁场磁化磁粉后，按磁极吸附磁粉的多少来表示磁粉磁性的大小的方法。

湿法检测时，首先搅拌磁粉，使悬浮在水液或油液中的磁粉均匀分布，然后喷洒在外加磁场的试件上。其步骤是：在试件通电的同时浇注磁悬液，在磁悬液浇注后再通电两三次。每次通电 0.5s 至 2s，间歇时间不得超过 1s，停施磁悬液至少 1s 后才可停止磁化。这种方法为连续磁化法，如果磁化电流在检测时是连续不间断的，则称为完全连续磁化法。

2. 外加磁场干法检测

一般干法检测有四个步骤：施加充磁电流，将磁粉喷洒到已磁化的区域上，在不关闭电流的情况下把多余的磁粉从试件上吹走，撤去磁化电流、观察。

五、工件磁化方法

由于工件中的缺陷走向是未知的，为了发现各种方向的缺陷，需要在工件上建立各种方向的磁场，使工件内的磁力线能与缺陷面基本垂直，获得尽可能强的漏磁场，一般可分为如下几类。

（1）周向磁化法　给工件直接通电，或者使电流流过贯穿工件中心孔的导体，在工件中建立一个环绕工件并且与工件轴线垂直的闭合磁场。周向磁化用于发现与工件轴线（或电流方向）平行的缺陷。如图 4-1 所示为周向磁化法。

（2）纵向磁化法　电流通过环绕工件的线圈，使工件中的磁力线平行于线圈的轴线，利用电磁轭磁化使磁力线平行于工件纵轴也属这一类。纵向磁化用于发现与工件轴线相垂直的缺陷。如图 4-2 所示为纵向磁化法。

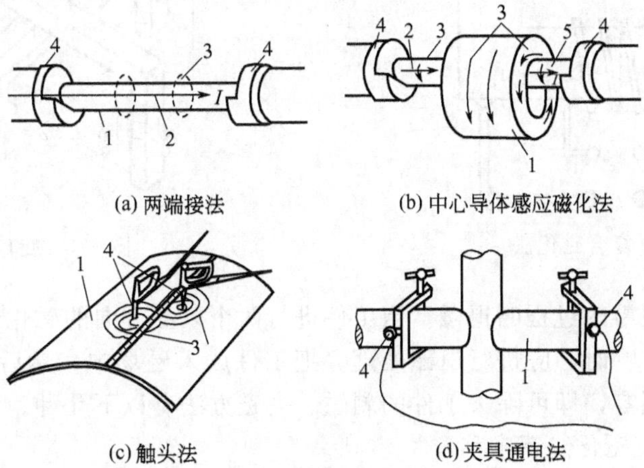

图 4-1　周向磁化法

1—工件；2—电流；3—磁力线；4—电极；5—心杆

（3）复合磁化法　将周向磁化和纵向磁化同时作用在工件上，使工件得到由两个互相垂直的磁力线作用而产生的合成磁场。如图 4-3 所示为复合磁化法。

（4）旋转磁化法　将绕有激磁线圈的 Π 型磁铁交叉放置，各通以不同相位的交流电，产生圆形或椭圆形磁场（即合成磁场的方向作圆形旋转运动）。旋转磁化能发现沿任意方向分布的缺陷。如图 4-4 所示为旋转磁化法。

六、退磁

工件经磁粉检测后所留下的剩磁，会影响安装在周围的仪表、罗盘等计量装置的精度，或者吸引铁屑增加磨损。有时工件中的强剩磁场会干扰焊接过程，引起电弧的偏吹，或者影响以后进行的磁粉检测。

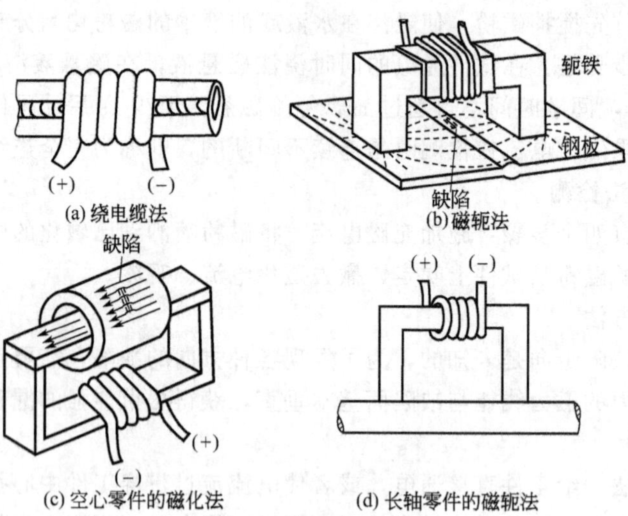

图 4-2 纵向磁化法

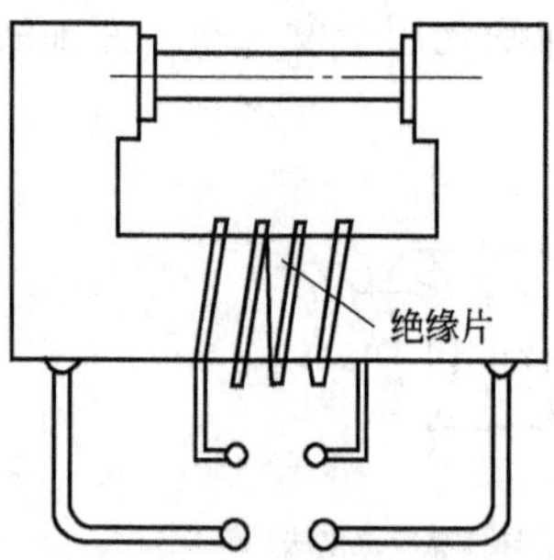

图 4-3 复合磁化法

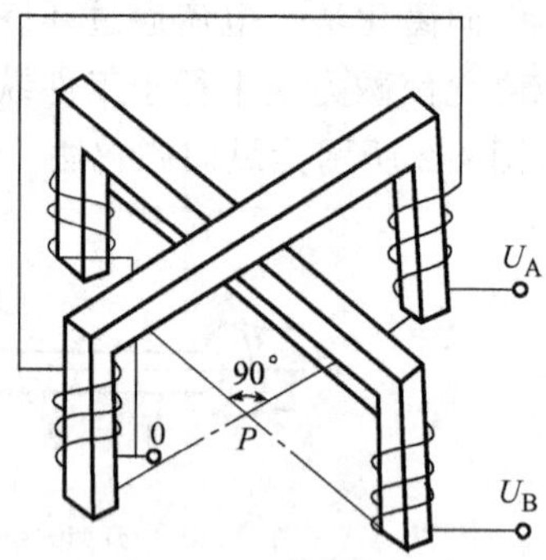

图 4-4 旋转磁化法

使工件的剩磁回零的过程叫退磁。当工件进行两个以上方向的磁化后，若后道工序不能克服前道工序剩磁影响时，应进行退磁处理。把工件放入磁场中，然后不断改变磁场方向，同时使其逐渐减小到零，即可除去工件的剩磁。去磁方法有以下几种。

1. 将工件从交流磁化线圈中移开

把工件放在通有交变电流的磁化线圈中，然后缓慢的将工件从线圈中移出。推荐使用5000～10000NI（安匝）的线圈。

2. 减小交流电流

把工件放入磁场中，其位置不变，逐渐减小交流电流，把磁场降低到规定值。

3. 直流换向衰减退磁

为了使工件内部能获得良好的退磁，可让电流通过工件，并不断切换电流的方向，同时使电流逐渐衰减至零。由于直流磁化比交流磁化穿透得深，所以直流退磁比交流退磁效果要好。

4. 振荡电流退磁

将充好电的电容器跨接在退磁线圈上，构成振荡回路。电路以固有的谐振频率产生振荡，并逐渐减弱至零。

测量工件的剩磁可采用剩磁测量仪测量，实际工作中常用一小段未磁化的钢丝或铁丝

(如大头针）去靠近零件的端部，若零件有剩磁，钢丝或铁丝将被吸附。

相关知识　磁粉检测的基本知识

一、电磁场

一些具有吸引铁质材料性质的物体叫磁体，而磁体具有吸引铁质材料的能力称磁性。任何一个磁体都会有两个磁性表现最强的区域即磁极，磁极分为北极（N 极）及南极（S 极）两极。当磁极相互接近时，会出现排斥或吸引的现象，这是由于磁极间存在作用力的缘故，这些作用力称为磁力。磁场是磁力作用的空间，它是一种特殊的物质，存在于磁体周围，也存在于通电导体之中及周围，一般常用磁力线来形象地表示。磁力线是从磁体的 N 极出发进入 S 极，无头无尾的闭合曲线，它们之间互不相交，互不切割。

除磁体外，还有一些物质能被磁体强烈地吸引，这类物质称铁磁性物质，如铁、钴、镍及它们的许多合金都属这一类。铜、铋、锑等物质轻微的被磁体所排斥，则称为抗磁性物质，大部分无机物和几乎所有有机物都属此类。另外，能被磁体微弱吸引的物质称之为顺磁性物质。

材料在外磁场的作用下而显现出磁性的现象，称之为磁化。由于各种材料被磁化的难易程度不同，可用磁导率 μ 来表示，它的大小即磁性物质导磁的能力。铁磁性物质的导磁能力非常大，是磁粉检测的主要对象。

铁磁性物质的特点有以下几点。

① 磁化后的磁场方向与外磁场方向一致。

② 磁导率高，在外磁场中极易磁化。

③ 有磁滞特性和剩磁：即外磁场方向发生变化时，磁感应强度的变化滞后于磁场强度变化称磁滞现象。当磁场强度减到零时，铁磁性材料在磁化时所获得的磁性不能完全消失则称剩磁。

④ 磁饱和性：当铁磁材料内部磁化后，产生的所有微小磁场的方向与外磁场方向一致时，磁化所产生的磁场不再随外磁场的增加而无限的增加，出现磁饱和。

磁粉检测所需外磁场是通过导电导线或线圈而产生的电磁场。

二、漏磁场

当某铁磁材料被磁化后，如材质均匀无缺陷，则磁力线将在材料内部均匀有序地排列通过。若内部含有缺陷，则因缺陷的导磁率往往远小于铁磁材料本身，使得缺陷处的磁力线受阻后绕道而行。由于磁力线不能相交或切割，故部分磁力线被迫挤到材料表面以外，越过缺陷后，又返回材料内，从而在材料表面呈现出 N 极和 S 极，即形成了漏磁场。

三、磁粉检测的影响因素

磁粉检测灵敏度取决于缺陷漏磁场强度的大小。主要影响因素有以下几点。

1. 外加磁场强度

缺陷漏磁场强度的大小与工件被磁化的程度有关。一般说来，如果外加磁场使被检材料的磁感应强度达到其饱和值的 80%以上，缺陷漏磁场的强度就会显著增加。

2. 缺陷的位置与形状

就同一缺陷而言，随着缺陷埋藏深度的增加，其漏磁场强度将迅速衰减至近似于零。另一方面，缺陷切割磁力线的角度越接近正交（90°），其漏磁场强度也越大，反之则越小。事实上，磁粉检测很难发现与被检表面所夹角度小于 20°的夹层。此外，在同样的条件下，表面缺陷的漏磁场强度随着其深宽比的增加而增加。

3. 材料的性质和状态

常温下钢铁材料的磁性与晶体结构有关。

4. 被检表面的覆盖层

被检表面上有覆盖层（例如涂料）会降低缺陷漏磁场的强度。

四、磁化规范

在磁粉检测中，为获得较高的检测灵敏度，在被检工件上建立的磁场必须具有足够的强度。

使用电磁轭的纵向磁场进行焊缝局部检测时，可以通过测量其提升力确定被磁化区域的磁场强度是否满足要求。当使用电磁轭的最大磁极间距时，要求交流电磁轭至少应具有44N的提升力，直流电磁轭至少应具有177N的提升力。表4-1为推荐使用的磁化电流。用交流励磁的缠绕电缆法检测时，实际需要的安匝数（NI）要使用人工缺陷试块或磁场指示器测定。

表 4-1 各种磁化方法的磁化电流推荐值

检测方法	检测条件	磁化电流	备注
通电法整体磁化	H 在 2400～4800A/m 之间选用	$I=\frac{HD}{0.32}$	I:磁化电流值,A D:焊接件的等效直径,m H:磁场强度,A/m
线圈法整体磁化	$L/D<3$ 不适应,$L/D\geqslant 15$ 取 15 代入	$NI=\frac{45000}{L/D}$	I:磁化电流值,A N:线圈匝数;L/D:焊接长度与等效直径之比
触头法局部磁化	焊接件厚度 $\delta\leqslant$19mm 焊接件厚度 $\delta>$19mm	$I=(3.5\sim4.5\text{A/mm})S$ $I=(4\sim5\text{A/mm})S$	I:磁化电流值,A S:触头间距,mm

思考与练习

1. 磁粉检测的优点及局限性有哪些？
2. 磁粉检测的原理是什么？
3. 磁化方法分几类？
4. 磁化电流怎样确定？

任务二 磁粉检测的应用

裂纹特别是表面及近表面的裂纹，在焊接结构中的危害最大。磁粉检测是钢制焊接件表面及近表面裂纹等缺陷检测的最有效手段之一。

一、焊缝的磁粉检测

1. 坡口检测

坡口缺陷有分层、裂纹等。分层缺陷产生于材料轧制过程，而裂纹则可能是火焰切割或分层端部开裂引起的。

2. 焊接过程中的磁粉检测

(1) 层间检测 某些高强度钢或焊接性能较差的钢材要求每焊一道，检查一次焊缝及坡口边缘，防止焊接过程中产生的裂纹。对于某些特厚钢焊接，每焊至一定厚度即要求采用磁粉检测检验一次，排除各种缺陷，以避免焊接成型后，因厚度较大而带来检验与返修的困难。

层间检测大多使用高温磁粉、干粉法检验。

(2) 碳弧气刨坡口的检测　全焊透的焊缝，一面焊接完后，另一面要用碳弧气刨清根。检测的目的是检验清根的效果及查出因碳弧气刨可能产生的裂纹。

(3) 焊缝磁粉检测　检查焊缝及其热影响区的焊接裂纹。

(4) 补焊部位的检测　船舶及压力容器装焊过程中往往要焊接一些临时的结构，如吊耳、卡具和定位卡等。这些结构施工完毕要清除，并应磨平和检测，以排除裂纹。

二、磁粉检测的过程

1. 检测人员的确定

签发检测报告的检测人员必须取得相关部门颁发的2级以上资格证书。

2. 表面预处理

被探工件的表面状态对磁粉检测的灵敏度有很大的影响。例如，光滑的表面有助于磁粉的迁移，而锈蚀或油污的表面则会妨碍磁粉移动。为保证等得到满意的检测灵敏度，检测前应对被检表面作如下预处理。

① 被探表面应充分干燥。

② 用化学或机械方法彻底清除被检表面上可能存在的油污、铁锈、氧化皮、毛刺、焊渣及焊接飞溅等表面附着物。根据检测精度的需要，可以考虑先用砂轮修整被检焊缝的表面，然后再进行检测。

③ 必须采用直接通电法检测带有非导电涂层的工件时，应预先彻底清除导电部位的局部涂料，以避免因接触不良而产生电弧，烧伤被检面。

3. 检测方法的确定

(1) 磁粉施放方法的确定　磁粉施放方法包括干法和湿法两种。

① 干法。用干燥磁粉进行磁粉检测的方法称为干法。干法广泛用于大型铸、锻件毛坯及大型结构件焊缝的局部磁粉检测，常与电磁轭或电极触头配合检测。用干法检测时，磁粉与被检工件表面先要充分干燥，然后用喷粉器或其他工具将呈雾状的干燥磁粉施于被检工件表面，形成薄而均匀的磁粉覆盖层，同时用干燥的压缩空气吹去局部堆积的多余磁粉。观察磁痕应在喷粉和去除多余磁粉的同时进行，观察完磁痕后再撤除外磁场。

② 湿法。磁粉悬浮在油、水或其他载液中的磁粉检测方法称为湿法。与干法比较，湿法具有更高的检测灵敏度，特别适合于检测表面上如疲劳裂纹一类的细微缺陷。检测时，用浇、浸或喷法将磁悬液施加到被检表面上。使用浇法时的液流要微弱，使用浸法时要适当掌握浸没时间，相对而言，浸法的检测灵敏度较高。

(2) 磁化方法的确定

① 连续法。在外加磁场的作用下向被检表面施加磁粉或磁悬液的检测方法称为连续法。采用连续法检测时，既可在外加磁场的作用下观察磁痕，也可在撤去外加磁场后观察磁痕。

连续法检测的操作程序是：

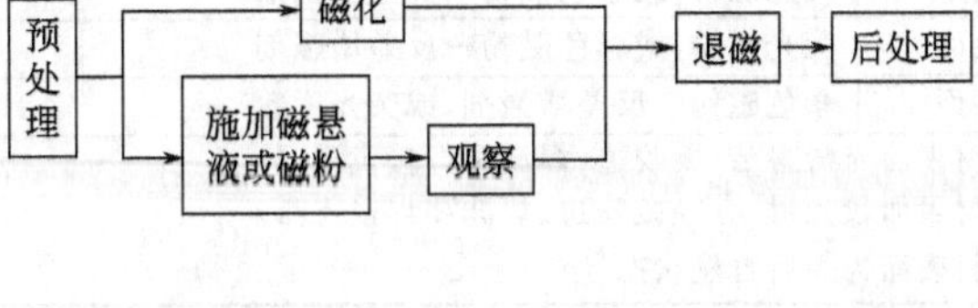

或

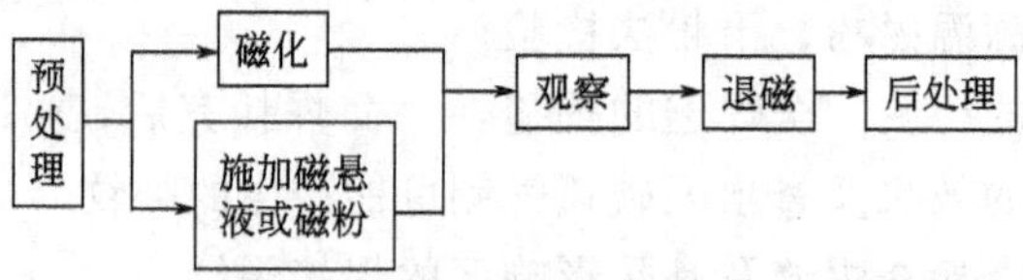

连续法检测的灵敏度高，但检测效率较低，而且易出现干扰缺陷评定的杂乱显示。复合磁化只能在连续法检测中使用。

② 剩磁法。利用磁化过后被检工件上的剩磁进行磁粉检测的方法称为剩磁法。剩磁法的检测程序是：

预处理→磁化→施加磁悬液→观察→退磁→后处理

剩磁法检测的效率高，其磁痕易于辨别，并有足够的检测灵敏度。一般情况下，剩磁法不与干粉配合使用。

4. 磁痕观察

所谓磁痕观察就是由缺陷或其他因素造成的漏磁场积聚磁粉所形成的迹象。

有磁痕显示并不一定是缺陷显示，如工件截面突变，两种磁导率不同的材料焊接在一起，划伤与刀痕，也可出现磁痕。除了非缺陷磁痕外，还有不是漏磁场引起的假磁痕，脏物黏附磁粉是磁粉检测中常见的假磁痕。因而，对磁痕显示应观察与分析。分析与判断真假缺陷磁痕需要积累经验，或采用不同规范多次磁化的办法进行判断。另外，磁痕的形成与磁粉施加方法也有一定联系。

焊件磁粉检测大多使用非荧光磁粉，为了能充分识别磁痕，检验区域的照度应在1500lx 以上。

如选用荧光磁粉时，应在环境暗区照度不大于 10lx 的条件下，使用黑光辐照，使被检表面黑光强度不低于 970lx。

5. 退磁

应按规定将工件中的剩磁减小到一定限值以下。

6. 后处理

工件的后处理是指某些表面要求较高的工件检测完毕，应清除残留在被探表面的磁悬液，干燥被探工件，必要时抹上防护油等。

7. 标记

对确认为缺陷部位，要用打钢印、油漆或涂色等方法明显标记，并作好记录。

8. 记录与报告

检测工作完毕，检验人员应对检验条件及检验结果作出详细记录并签发检验报告。

三、验收

焊缝磁粉检测的质量按 JB/T 6061—2007《无损检测　焊缝磁粉检测》的规定验收。相关参考数据见表 4-2、表 4-3。

表 4-2　推荐的检测参数

验收水平	表面状况	检测介质
1	表面良好	荧光磁粉，或彩色磁粉＋反差增强剂
2	光滑表面	荧光磁粉，或彩色磁粉＋反差增强剂
3	一般表面	彩色磁粉＋反差增强剂，或荧光磁粉

表面良好：焊缝盖面和母材表面光滑整洁，无咬边、焊波和焊接飞溅

光滑表面：焊缝盖面和母材表面较光滑，有轻微咬边、焊波和焊接飞溅

一般表面：焊缝盖面和母材表面为焊后自然状态

表 4-3　显示的验收水平　mm

显示类型	验收水平		
	1	2	3
线状显示 l＝显示长度	$l \leqslant 1.5$	$l \leqslant 3$	$l \leqslant 6$
非线状显示 d＝显示长度	$d \leqslant 2$	$d \leqslant 3$	$d \leqslant 4$

四、记录与报告

焊缝磁粉检测的记录与报告形式推荐如附录五。

思考与练习

1. 磁粉检测的操作步骤是什么？
2. 怎样选择磁粉检测的检测方法？

任务三　磁粉检测实训

一、目的

巩固磁粉检测的基本知识，掌握磁粉检测的基本操作技能，了解磁粉检测的标准、要求及缺陷的评定。

二、原理

磁粉检测是利用被检验的磁性工件用某种方法磁化后，零件中便有磁力线通过，如果组织均匀、没有缺陷，则各处的磁导率相等。如有缺陷，则缺陷处的磁导率比其他要小，则磁力线出现弯曲而不均匀、不平行。如缺陷在表面或近表面时则磁力线被迫泄漏到外面的空间里，这时在工件的外表均匀撒上铁磁粉，则在漏磁处产生磁粉堆积。它的形状、大小方位即是我们需要得到的缺陷的形状、大小方位。根据它即可评定被检零件的质量。

三、设备与器材

1. 被检工件
2. CXE-1 旋转磁场检测仪，CXE-500 交直流两用磁粉检测仪，检测槽
3. 磁场强度计，标准试块，黑磁粉，磁悬液等

四、步骤与规范

① 对受检表面及附近 30mm 范围内进行干燥和清洁处理，不得有污垢、锈蚀、松动的氧化皮等。当受检表面妨碍显示时，应打磨或喷砂处理。

② 磁化。磁轭式、连续法，交流电源 220V/50Hz，极间距 125mm，提升力为 98N。

把工件放好，将磁轭压在工件上接通电源，每次 1～3s。并数次磁化，如分段检测时，应重复一段尺寸以免漏检。

磁粉和磁悬液的施加。干粉检测时，在充磁的同时用喷粉器撒布干粉，应快速、均匀地施工干粉（应喷得轻，也不可过量）。湿粉检测时，磁悬液应慢慢浇上，并注意适量。必须不断搅拌，保持磁粉浓度均匀，冲击力不能太大，停止浇液后应给予 1～2 次磁化，让流动的磁粉仍有机会被缺陷磁场吸附。

③ 观察。在施加磁粉前，先用标准试块检查磁化是否达到要求。

④ 断电后，根据被测工件上磁粉的聚集情况，判断是否有缺陷，对其进行评定质量并

作出记录。

⑤ 退磁。对于压力容器一般可不退磁，但对某些零件为避免加工或使用时剩磁的影响，应进行退磁。

五、实训报告要求

根据以上实训过程写出报告（含检测报告、思考作业），如有缺陷请签发返修报告。

思考与练习

1. 什么是干法连续磁探？什么是湿法连续磁探？
2. 连续法磁探与剩磁式磁探有什么区别？
3. 在检测时，你认为旋转磁场检测仪有何优点？

项目五　渗透检测

渗透检测（PT）是一种应用渗透剂的润湿作用和毛细管作用原理为基础的检查表面开口缺陷的无损检测方法，是几种常用无损检测方法（射线、超声波、磁粉、渗透）之一。

本项目有三项任务：掌握渗透检测原理与设备使用、掌握渗透检测的方法与应用、完成渗透检测的实验实训。

任务一　渗透检测的原理与设备

一、渗透检测的原理

渗透检测的原理是：在被检工件表面涂覆某些渗透力较强的渗透液，在毛细作用下，渗透液被渗入到工件表面开口的缺陷中，然后清洗去除工件表面上的渗透液，留下渗透到表面缺陷中的渗透液，再在工件表面上涂上一层显像剂，缺陷中的渗透液在毛细作用下反过来被吸到工件的表面，从而形成缺陷的痕迹。然后根据在黑光（荧光渗透液）或白光（着色渗透液）下观察到的缺陷显示痕迹，作出缺陷的评定。

二、渗透检测剂

渗透检测剂包括渗透剂、清洗剂和显像剂。表 5-1～表 5-5 为渗透检测剂的基本组成、特点、应用及质量要求。

表 5-1　着色渗透剂的基本性能及质量要求

分类			基本组成	特点及应用
着色渗透剂	水洗型	水基型	水、红色染料	不可燃、使用安全，不污染环境，价格低廉，但灵敏度欠佳
		乳化型	油液、红色染料、乳化剂、溶剂	渗透性较好，容易吸收水分产生浑浊、沉淀等污染现象
	后乳化型		油料、溶剂、红色染料	渗透力强，检测灵敏度高，适合于检查浅而细致的表面缺陷，但不适合于表面粗糙及不利于乳化的工件
	溶剂去除型		油液、低黏度易挥发的溶剂、红色染料	具有很快的渗透速度，与快干式显像剂配合使用，可得到与荧光渗透检测相类似的灵敏度

质量要求：

① 渗透力强，渗透速度快。

② 着色液应有鲜艳的色泽。

③ 清洗性好。

④ 润湿显像剂的性能好，即容易从缺陷中吸附到显像剂表面。

⑤ 无腐蚀性。

⑥ 稳定性好，在光和热的作用下，材料成分和色泽能维持较长时间。

⑦ 毒性小。

⑧ 其密度、浓度及外观检验应符合规定。

表 5-2 荧光渗透剂的基本性能及质量要求

<table>
<tr><th colspan="2">分 类</th><th>基本组成</th><th>特点及应用</th></tr>
<tr><td rowspan="4">荧光渗透剂</td><td>水洗型</td><td rowspan="2">油基渗透剂、互溶剂、荧光染料、乳化剂</td><td rowspan="2">乳化剂含量越高，则越易清洗，但灵敏度越低荧光染料浓度越高，则亮度越大，但价格越贵，有高、中、低三种不同的灵敏度</td></tr>
<tr><td>后乳化型</td></tr>
<tr><td rowspan="2">溶剂去除型</td><td rowspan="2">油基渗透剂、互溶剂、荧光染料、润湿剂</td><td>缺陷中的荧光液不易被洗去(比水洗型荧光液强)，抗水污染能力强，不易受酸或铬盐的影响
荧光液灵敏度按其在紫外光下发光的强弱可分为三种，即标准灵敏度、高灵敏度和超高灵敏度</td></tr>
<tr><td>不需要水，具有很高的灵敏度，但对于批量工件的检测效率较低，适合于受限制的区域性检测</td></tr>
</table>

质量要求：

① 荧光性能应符合规定。

② 渗透液的密度、浓度及外观检验应符合规定。

③ 渗透力强，渗透速度快。

④ 荧光液应有鲜明的荧光。

⑤ 清洗性能好。

⑥ 润湿显像剂的性能要好。

⑦ 无腐蚀性。

⑧ 稳定性要好。

⑨ 毒性小。

表 5-3 乳化剂的基本性能及质量要求

分 类	基本组成	特点及应用
亲水性乳化剂	烷基苯酚聚氧乙烯醚、脂肪醇聚氧乙烯醚	乳化剂浓度决定了它的乳化能力、乳化速度和乳化时间，推荐使用浓度为5%～20%
亲油性乳化剂	脂肪醇聚氧乙烯醚	不加水使用，其黏度大时扩散速度慢，则乳化过程容易控制，但乳化剂损耗大；反之亦然

质量要求：

① 乳化剂应容易清除渗透剂，同时应具有良好的洗涤作用。

② 具有高闪点和低蒸发率。

③ 耐水和渗透剂污染的能力强。

④ 对工件和容器无腐蚀。

⑤ 无毒、无刺激性臭味。

⑥ 性能稳定，不受温度影响。

表 5-4 清洗剂的基本性能及质量要求

分 类	基本组成	特点及应用
水	水	清除水洗型渗透液
有机溶剂去除剂	煤油或者酒精、丙酮、三氯乙烯	清除溶剂去除型渗透液
乳化剂和水	乳化剂和水	清除后乳化型渗透液

质量要求：

有机溶剂去除剂应与渗透剂有良好的互溶性，不与荧光渗透剂起化学反应。

表 5-5　显像剂的基本性能

分　类		基本组成	特点及应用
干粉显像剂		氧化镁或者碳酸镁、氧化钛、氧化锌等粉末	适应于粗糙表面工件的荧光渗透检测 显像粉末使用后很容易清除
湿式显像剂	水悬浮型湿式显像剂	干粉显像剂加水按比例配制而成	要求零件表面有较高的光洁度，不适应于水洗型渗透液 呈弱碱性
	水溶性湿式显像剂	将显像剂结晶粉溶解于水中制成，结晶粉多为无机盐类	不可燃、使用安全，清洗方便，不易沉淀和结块 白色背景不如水悬浮式 要求工件有较好的表面粗糙度 不适于水洗型渗透液
快干显像剂		将显像剂粉末加入挥发性的有机溶剂中配制而成。有机溶剂多为丙酮、苯、二甲苯等	显像灵敏度高，挥发快，形成的显示扩散小，显示轮廓清晰 常与着色渗透液配合使用
不使用显像剂			省掉了显像剂，简化了工艺 只适用于灵敏度要求不高的荧光渗透液

三、渗透检测装置

渗透检测装置可分为便携式、固定式和专业化式三种。

1. 便携式渗透检测装置

图 5-1 所示为便携式渗透检测装置。便携式渗透检测装置由于其体积小、重量轻、便于携带，故适用于现场检测。在便携式设备内装有压力喷罐，喷罐内装有被喷涂的材料（渗透剂或者清洗剂、显像剂以及能在常温下产生压力的气溶胶或雾化剂）。检测时按下喷罐上的喷嘴，喷涂液即呈雾状喷射出来。

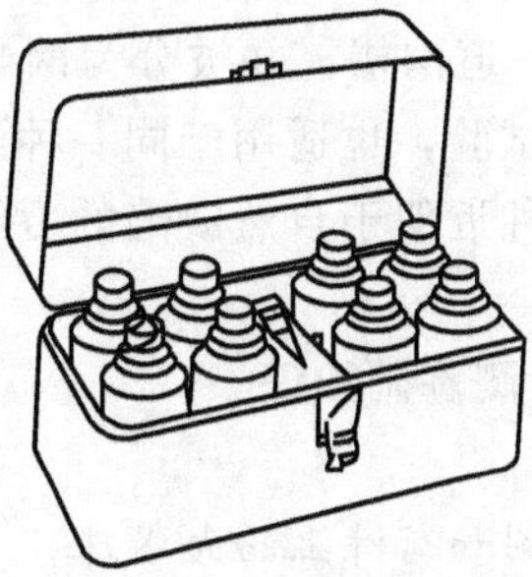

(a) 便携式着色箱图

(b) 便携式荧光箱

图 5-1　便携式渗透检测装置

另外，观察缺陷的照明装置由白光灯（着色法检测）或黑光灯（荧光法检测）组成。黑光灯一般采用水银石英灯，检测时，为延长其使用寿命，要尽量减少不必要的开关次数。

2. 固定式渗透检测装置

固定式渗透检测装置包括预清洗装置、渗透槽、乳化槽、水洗槽、干燥箱、显像槽及检查室。固定式渗透装置可固定在一起组成整体式装置，适应批量生产的连续批量检测。也可根据需要整合成分离型装置，以满足大型工件的检测。

3. 专业化渗透检测装置

大批量生产时，需要进行连续批量渗透检测，实现工序自动操作，缺陷自动辨认，可采用高效率的自动操作整体型装置检测，这类装置称专业化渗透检测装置。

四、对比试块

在渗透检测中，用以评定检测效果或检测剂及装置性能的具有人造缺陷的试块，称对比试块。每次渗透检测前，对使用的材料和设备要进行校验，以保持检测的灵敏度。校验时要按正常操作工艺，对试片进行渗透检测，观察试片上固有缺陷发现的情况。对比试块的制作应符合 JB/T6064 规定要求。

1. 镀铬对比试块

镀铬对比试块如图 5-2 所示。这种试块主要用于校验操作方法和工艺系统灵敏度。使用前，应将其拍摄成照片或用塑料制成复制品，以供检测时对照使用。试验时先将该试块按正常工序进行处理，最后观察辐射状裂纹显示的情况。如果与照片或复制品一致，则可认为设备和材料正常。

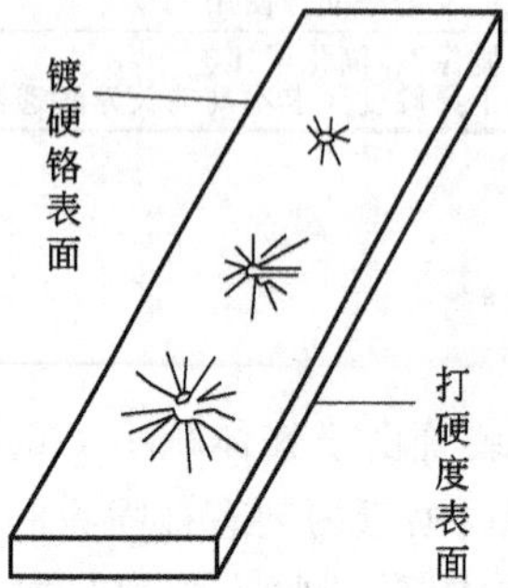

图 5-2 镀铬对比试块图

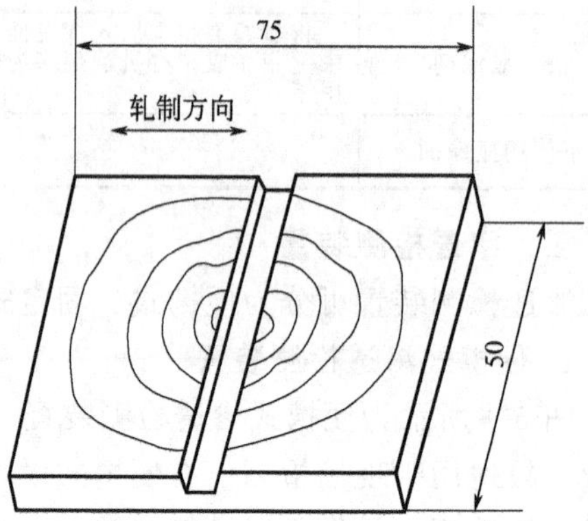

图 5-3 铝合金对比试块

2. 铝合金对比试块

铝合金对比试块如图 5-3 所示。试块中间有一道沟槽，并被分为两半，故适用于两种不同的检测剂在互不影响的情况下进行灵敏度对比试验，也适用于同一种渗透剂在不同的工艺操作下进行灵敏度的对比试验。试块上提供了各种近似于自然缺陷的裂纹，适合于对检测剂进行综合性能比较。

相关知识 渗透检测基础知识

一、液体表面张力

体积一定的几何形体中，球体的面积最小。例如荷叶上的大水珠，草叶上的露珠，玻璃板上的水银珠等，如果没有外力影响或影响不大时，液体总是趋向于自由收缩成为球状。例如把一滴水银压扁后再去除压力，则水银珠又会恢复成球状。这种存在于液体表面，使液体表面收缩的力，称为液体的表面张力。

在渗透检测中为了减少液体表面张力，可渗入其他液体。

二、润湿作用

润湿作用是一种表面及界面过程，即表面上的一种流体被另一种流体所取代的过程。检测中一般是指固体表面上的气体被液体取代，有时是一种液体被另一种液体所取代。润湿过程中能增强润湿作用的物质称润湿剂。

润湿过程平衡后，可用润湿方程和接触角表示，如图 5-4 所示。A 点处于液、固、气三相交界处，受三种表面张力作用：固体/气体界面张力（r_s）力图使液体表面铺开，液体/气体界面张力（r_L）、固体/液体界面张力（r_{sL}）力图使液体表面收缩，液体/固体界面经过液体内部到液体/气体界面之间的夹角称接触角 θ。

当液滴达到平衡时

$$r_s = r_{sL} + r_L\cos\theta, \text{则 } \cos\theta = \frac{r_s - r_{sL}}{r_L}$$

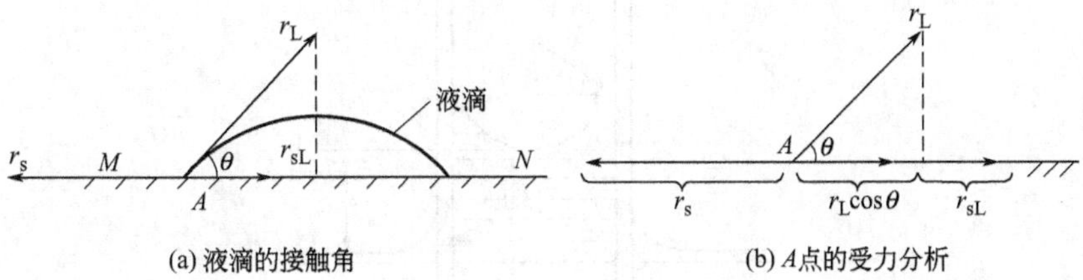

图 5-4 润湿方程和接触角

分析上式可知：

① $r_s - r_{sL} = r_L$ 时，$\cos\theta = 1$，$\theta = 0$，这时液体在固体界面上完全湿润，在渗透检测中，如果渗透液的接触角小于5°，则近似认为 $\theta = 0$，完全湿润又叫铺展湿润现象；

② $r_s - r_{sL} < r_L$ 时，则 $0 < \cos\theta < 1$，此时液体能湿润固体，湿润程度随 θ 的减小而增大；

③ $r_s < r_L$，$\cos\theta < 0$，$\theta > 90°$ 时，此时液体不能湿润固体。

三、表面活性及表面活性剂

某些物质随浓度增加时，表面张力急剧下降，直至下降到一定程度后才没有大的变化，如肥皂、洗涤剂等的水溶液；乙醇、丁醇等的水溶液的表面张力则随浓度增加逐渐下降；而氯化钠、盐酸等水溶液的表面张力则随浓度增加而稍有上升。我们将凡能使表面张力急剧降低的这一性质称表面活性（对此溶剂而言），而能使表面张力急剧下降的表面活性物质称为表面活性剂。表面活性剂分为离子型和非离子型两大类，渗透检测时，通常使用非离子型表面活性剂（即在水溶液中不电离）。

另外表面活性剂还具有加溶作用：即能使原来不溶或微溶的有机化合物的溶度显著增加。

四、乳化作用

油和水混在一起，即使用力摇晃振荡，可以暂时混合，但很不稳定，静置后又会分成两层。如果在油水混合液中加入少量表面活性剂，油就会变成许许多多的微粒，分散在水中，静置后也很难分层。这种由于表面活性剂的作用，使本来不能混合到一块的两种液体能够混合在一起的现象称为乳化现象。

表面活性剂的分子，一般总是由非极性的亲油疏水部分（亲油基）与有极性的亲水疏油部分（亲水基）构成的。这两部分分别处于两端，形成不对称结构。因此，表面活性剂分子是一种两亲分子，能吸附在油水界面上，降低油水界面张力，使原来互不相混的油和水形成稳定的乳状液，完成乳化过程。

表面活性剂的亲水性大小决定着它所起的作用，即润湿、洗涤、乳化、增溶、消泡等不同的作用。非离子型表面活性剂，它与其他类型表面活性剂相容性好，并且在水及有机溶剂中都有较好的溶解性能。

五、毛细现象

由于润湿的作用，毛细管在润湿液体中，靠近管壁的液面会上升而形成凹面。同时，因表面张力的缘故，使弯曲的液面产生了附加压力，使液体表面向上收缩成平面。随后，管中靠近壁的液体又在润湿作用下上升，重新形成凹面，而弯曲的液面又在附加压力的作用下，使其收缩成平面。如此反复，使毛细管内的液面逐渐上升，直至弯曲液面附加压力与毛细管内升高的液柱重力相等为止。图5-5所示为毛细管中受力分析图。

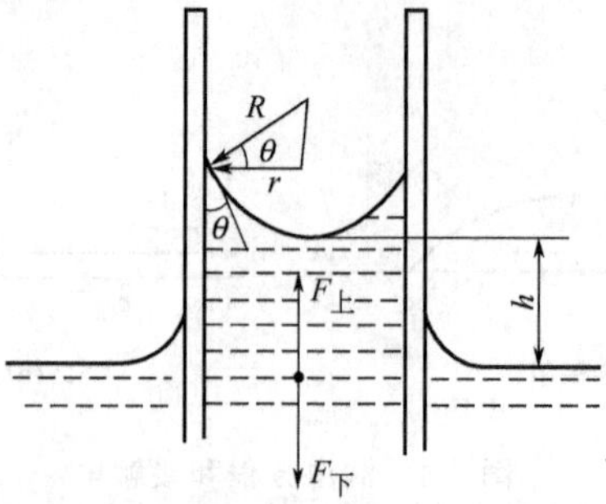

图 5-5 毛细管中受力分析图

在实际检测中，渗透液对零件表面缺陷的渗透作用，本质上就是液体的毛细作用。对表面开口的点状缺陷（如气孔）的渗透，相当于渗透液在圆柱形管内的毛细作用；对表面条状缺陷（如裂纹、夹杂等）的渗透，相当于渗透液在间距很小的两平板间的毛细作用。

六、显像原理

显像是把被探工件表面缺陷内的渗透液吸出来，形成一个肉眼可见的显示。显像的过程与渗透液进入表面缺陷的原理一样，同样是由于毛细现象，来源于液体和固体表面分子间的相互作用。

不使用显像剂的自显像是渗透液在毛细管中产生的回渗作用而形成显示的。

七、荧光现象及机理

许多原来在白光下不发光的物质在紫外光的照射下能够发光，这种现象称为光致发光。光致发光的物质在外界光源移开后，立即停止发光的物质称为荧光物质，荧光渗透液中的荧光染料就是其中的一种。不同荧光物质产生的荧光波长不完全一样，因此光的颜色也有差异。渗透检测用的荧光液中的荧光染料吸收紫外线能量后，发出的光子波长为 510～550nm，其颜色为黄绿色。

思考与练习

1. 什么是毛细管现象？
2. 渗透检测的原理是什么？
3. 渗透检测应怎样校验灵敏度？

任务二 渗透检测方法

一、渗透检测的六个基本步骤

不同的渗透剂和显像方法适合于不同的检测对象和条件。渗透检测方法的选择见表 5-6。而不同的检测方法，工艺过程也不同，各检测方法组合使用的检测步骤见附录六。

由附录六可知，渗透检测的基本过程为：预处理、渗透和乳化、清洗、干燥、显像、观察及后处理几个基本步骤。

1. 预处理

预处理包括表面清理和预清洗，表面清理的目的是彻底清除妨碍渗透剂渗入缺陷的油脂、铁屑、铁锈、氧化皮、飞溅物、焊渣及涂料等表面附着物；预清洗是为了去除残存在缺陷内的油污和水分，防止污染物堵塞缺陷、阻塞渗透液的渗入，防止油污污染渗透液，缺陷显示不准确等。

表 5-6 渗透检测方法的选择

对象或条件		渗透剂	显示剂
要检测的缺陷	浅而宽的缺陷，细微缺陷	FB	S
	深度为 30 及 30μm 以上的缺陷	FA(VA)、FC(VC)	W、S、D
	靠近或聚集缺陷以及观察缺陷表面形状	FA、FB	D
被检工件	批量连续检测	FA、FB	W、D
	不定期检测及局部检测	FC、VC	S
工件的表面状态	表面粗糙的铸、锻件	FA、VA	D、W、N
	中等粗糙的精铸件	FA、FB	D
	车削加工表面	FA(VA)、FB、VC	S、D、W
	磨削加工表面	FB、VC	S
	螺纹、键槽等拐角处	FA、VA	D
	焊缝及其他缓慢起伏的凹凸面	FA、VA、FC、VC	D、S
设备条件	有场地、水、电、气、暗室	FA、FB	D、W
	无水、电、现场检测	VC	S
其他	要求重复检测（最多 5～6 次）	VC、FB	S、D
	泄漏检测	FA、FB	N、D、S

表面附着物不允许采用喷砂、喷丸等可能堵塞缺陷开口的方法进行前处理。预清洗后，应注意让残留的溶剂、清洗剂和水分充分干燥，特别应予指出的是大部分渗透剂与水是不相溶的，缺陷处和缺陷中残留有水分将严重阻碍渗透剂的渗入，降低渗透检测的灵敏度。

2. 渗透和乳化

渗透是指在规定的时间内，用浸、喷或刷涂方法将渗透剂覆盖在被检工件表面上，并使其全部润湿。从施加渗透剂到开始乳化或清洗操作之间的时间称为渗透时间。渗透时间取决于渗透剂的种类、被检物形态、预测的缺陷种类与大小、被检物和渗透剂的温度。渗透时间一般时间为 5～20min，实际应用时可参考渗透剂生产厂家推荐的渗透时间。

当使用后乳化型渗透剂时，应在渗透后清洗前用浸浴、刷涂或喷涂方法将乳化剂施加于受检表面。乳化剂的停留时间可根据受检表面的粗糙度及缺陷程度确定，一般为 1～5min，然后用清水洗净。

3. 清洗

清洗是从被检工件表面上去除掉所有的渗透剂，但又不能将已渗入缺陷的渗透剂清洗掉。水洗型渗透剂本身含有乳化剂，用喷水法清洗时，水流方向应尽可能与被检工件表面平行。如无特殊规定，一般应控制其喷嘴水压不超过 0.34MPa，水温在 15～40℃之间，水洗时间越短越好。后乳化型渗透剂乳化后清洗的喷嘴水压也不应超过 0.34MPa（也可用水擦洗），溶剂去除型渗透剂用蘸有溶剂的布或皱纸擦除大部分多余的渗透剂，再用无绒布浸渍少许溶剂擦几遍，最后用干净的布将被检工件表面擦干净。

4. 干燥

用干式或快干式显像剂显像前，溶剂去除后的被检工件表面可自然干燥或用布、纸擦干；水清洗的被检工件表面应作温度不超过 52℃ 的干燥处理。

用湿式显像剂显像时，可不经干燥处理，在水清洗或溶剂去除后的被检工件表面上直接覆盖显像剂，并使其迅速干燥形成显像剂薄膜。

5. 显像

显像是从缺陷中吸出渗透剂的过程。荧光渗透检测一般采用干式显像。用快干式显像剂显像时，一般用压力喷罐或刷涂法在经干燥处理后的被检工件表面上覆盖显像剂。显像剂要喷涂得薄而均匀，以略能看出被检工件表面为宜。

6. 观察与后处理

施加显像剂后一般在7～30min内观察显示迹痕。观察荧光渗透剂的显示迹痕，被检工件表面上的标准荧光照度应大于50lx。观察着色渗透剂的显示迹痕时，可见光照度应在350lx以上。

二、水洗型渗透检测

水洗型渗透检测是广泛使用的渗透检测方法之一，它包括水洗型着色法及水洗型荧光法两种。水洗型渗透检测主要用于焊接件及锻件毛料阶段的检测。

三、后乳化型渗透检测

后乳化型渗透检测也是广泛使用的渗透检测方法之一。这种方法除了多一道乳化工序外，其余与水洗型渗透检测工艺完全一样。

后乳化型渗透检测法大量应用于经机加工的光洁的零件的检测。这些零件在检测前最好进行一次酸洗或碱洗，以去除零件表面约0.001～0.005mm的一层薄表面金属层，使被机加工堵塞的缺陷重新露出表面。乳化工序是后乳化型渗透检测工艺中的关键步骤，必须严格控制乳化时间，防止过乳化，在保证达到允许的着色背景及荧光背景的前提下，乳化时间应尽量短。油基乳化剂的乳化时间在2min内，水基乳化剂的乳化时间在5min以内。

乳化结束后，需将零件立即浸入不超过40℃的搅动的水中清洗，以迅速停止乳化剂的乳化作用。

四、溶剂去除型渗透检测

溶剂去除型渗透检测是渗透检测中应用较广的一种方法，分为溶剂去除型着色法及溶剂去除型荧光法两种。它适用于焊接件和表面光洁零件的检测，特别适用于大零件的局部检测，非批量零件的检测和现场检测。

五、特殊的渗透检测方法

1. 静电喷涂法

检查大型部件时，有时采用静电喷涂法。其原理是在喷涂渗透液及显像剂的喷嘴上接80～100kV电源的负极，零件接地作为正极，渗透液和显像剂通过喷嘴时带负电，在静电作用下渗透液和显像剂就吸附在零件上。

静电喷涂时，检测剂能快速而均匀地覆盖受检零件，涂层均匀，灵敏度高。

2. 加载法

虽然渗透检测具有很高的灵敏度，但检查某些疲劳裂纹时仍然很困难。这些裂纹很紧密，或者其中充满着杂物，使渗透液难于渗入，此时如果加上弯曲载荷或扭转载荷，渗透液就比较容易渗入被检零件。

加载法的效果很好，但效率低。

六、渗透检测的应用实例

1. 焊接件的检测

现场加工的焊接结构件，特别是要求较高的焊缝，例如高压容器、球罐和重要构件的焊缝，除进行超声检测或射线检测外，常常还需要使用渗透检测法检查表面缺陷。非磁性金属材料如不锈钢焊缝和铝焊缝表面缺陷的检查，也常使用渗透检测法。

在对焊缝进行渗透检测时，无论是中间阶段未成型的焊缝，还是焊接完毕后的已成型焊缝，均可使用溶剂清洗型着色检测法。

着色检测前，焊缝表面必须清除焊渣、飞溅、焊药、氧化皮等脏物。在对焊缝进行表面准备时（如打磨焊缝），特别要注意不要让铁屑粉末堵塞表面开口缺陷。脏物基本清除后，应用清洗液（丙酮或香蕉水）洗净焊缝表面的油污，最后用压缩空气吹干。搁置较久的焊缝须除锈后才能进行检测。

焊缝的渗透常用涂刷法。涂刷时，用蘸有渗透剂的刷子在焊缝上反复涂刷 3～4 次，每次间隔 3～5min。小型零件的焊缝可用浸涂法。

渗透完毕后，先用干净的纱布大体擦去焊缝上的剩余渗透液，然后用溶剂清洗，清洗干净后的焊缝表面用压缩空气吹干。

焊缝的显像以喷涂法为最好。利用压缩空气或压力喷灌将溶剂悬浮显像剂均匀喷洒在焊缝表面，为缩短显像时间，可用电吹风或压缩空气加速显像剂的干燥和显像膜的形成。

显像 3～5min 后，可用肉眼或借助于 3～5 倍的放大镜观察所显示的图像。为了发现细微缺陷，可间隔 5min 观察一次，重复观察 2～3 次。焊缝的起弧和熄弧处易产生细微的活口裂纹，应特别注意。

焊缝被渗透检测检查后，应进行后清洗。多层焊道渗透检测后的清洗更加重要，必须清洗干净，否则，渗透液及显像剂残留在焊缝，会使随后进行的焊接产生严重缺陷。

2. 验收

焊缝渗透检测的质量按 JB/T 6062—2007《无损检测 焊缝渗透检测》的规定验收。推荐的检测参数见表 5-7，显示的验收水平见表 5-8。

表 5-7 推荐的检测参数

验收水平	表面状况	检测介质
1	表面良好	荧光渗透系统，JB/T-7523 中的普通或高灵敏度着色渗透剂
2	光滑表面	任意
3	一般表面	任意

表面良好：焊缝盖面和母材表面光滑整洁，无咬边、焊波和焊接飞溅

光滑表面：焊缝盖面和母材表面较光滑，有轻微咬边、焊波和焊接飞溅

一般表面：焊缝盖面和母材表面为焊后自然状态

表 5-8 显示的验收水平 mm

显示类型	验收水平		
	1	2	3
线状显示 l=显示长度	$l \leqslant 2$	$l \leqslant 4$	$l \leqslant 8$
非线状显示 d=显示长度	$d \leqslant 4$	$d \leqslant 6$	$d \leqslant 8$

3. 记录与报告

焊缝渗透检测的记录与报告形式推荐如附录七。

相关知识一 渗透检测的分类与应用

一、渗透检测的分类

渗透检测的方法很多，按渗透剂和显像剂种类的分类方法如表 5-9 和表 5-10 所示。

表 5-9 按渗透剂种类分类

方法名称	渗透剂种类	方法代号
荧光渗透检测	水洗型荧光渗透剂	FA
	后乳化型荧光渗透剂	FB
	溶剂去除型荧光渗透剂	FC
着色渗透检测	水洗型着色渗透剂	VA
	后乳化型着色渗透剂	VB
	溶剂去除型着色渗透剂	VC

表 5-10 按显像剂种类分类

方法名称	显像剂种类	方法代号
干式显像法	干式显像剂	D
湿式显像法	湿式显像剂	W
	快干式显像剂	S
无显像剂显像法	不用显像剂	N

二、渗透检测的适应范围

渗透检测适应于材料或工件表面开口型缺陷的检测，与磁粉检测统称为表面检测。渗透检测适应于焊接件、奥氏体不锈钢焊缝、铸锻件、有色金属制品、玻璃钢、陶瓷、塑料制品的检测，不适应于多孔型材料的表面检测。

三、渗透检测的优缺点

渗透检测的优点是：不受被检物的形状、大小、组织结构、化学成分和缺陷方向的限制，一次检测可以查出被检物表面各方向的开口缺陷；操作简单，检测人员经短期培训即可独立工作；基本不需要特殊的复杂设备；缺陷显示直观，检测灵敏度高，目前检验出工件表面 μm 级开口尺寸的缺陷并不困难。

渗透检测的局限性：渗透检测只能查出工作表面开口型缺陷，对表面过于粗糙或多孔型材料无法检测；不能判断缺陷的深度和缺陷在工件内部的走向；操作方法虽简单，但难以定量控制，操作者的熟练程度对检测结果影响很大。

相关知识二 渗透检测新技术

随着科技的进步，渗透检测新技术得到了很快发展，相继出现具有各种特点的新型渗透检测剂，如高灵敏度渗透检测剂、反应型渗透检测剂、高温型渗透检测剂、不燃型渗透检测剂等，并出现了各种自动化渗透检测装置，大大提高了渗透检测灵敏度及检测效率。

思考与练习

1. 渗透检测有哪些优、缺点？
2. 渗透检测的原理是什么？
3. 渗透检测的步骤是什么？应注意什么事项？

任务三 渗透检测实训

一、目的

巩固渗透检测的基本理论知识，掌握渗透检测的操作技能，以及缺陷的检查判定。

二、原理

液体渗透法检测的基本原理，就是依据液体对固体的润湿能力和毛细现象为基础的：首先将被探工件浸涂具有高度渗透能力的渗透液，渗透液借助润湿作用和毛细现象渗入工作表面缺陷；然后将工件缺陷以外的多余渗透液清洗干净，再涂一层亲和吸附力很强的白色显像剂，将渗入表面缺陷的渗透液吸出来，在白色涂层上便显示出缺陷的形状和位置的鲜明图案；根据在黑光（荧光渗透液）或白光（着色渗透液）下观察到的缺陷显示痕迹，即可作出缺陷的评定。

三、设备与器材

被探工件，清洁工具，清洗剂，渗透剂，显像剂，5倍放大镜，小电炉（300W），电吹风，水槽，紫外线灯，暗室（荧光检测用）。

四、步骤与规范

① 清洁被探工件，去除油污、氧化皮、锈蚀、油漆、焊药和飞溅物等表面脏物（打磨、酸洗、碱性或溶剂）。

② 烘干清洁后的工件，尤其工件缺陷内部的烘干更为重要，但应严格控制温度。

③ 在被检测工件焊缝表面施加渗透液，为使液体充满缺陷，必须保证有足够的渗透时间，一般不小于10min。

④ 去除多余渗透液，对于自乳化型渗透液，可用布擦后再用清洗液清洗，对后乳化型渗透液应在乳化工序后水洗干净，这一过程越快越好，一般不能超过5min，以防干燥和过洗。

⑤ 施加显像剂，要求薄而均匀的涂层。

⑥ 施加显像剂7～30min内，根据形状大小、颜色深浅判断缺陷。

五、实训报告要求

根据以上实训过程写出报告（含检测报告、思考作业），如有缺陷请签发返修报告。

思考与练习

1. 为什么要进行渗透检测？
2. 渗透检测的适用范围是什么？
3. 渗透检测操作时应注意些什么？

综合练习 50m³ 液化石油气贮罐的检验

50m³ 液化石油气贮罐材质 16MnR、筒体壁厚 16mm、封头壁厚 18mm、设计压力 1.8MPa、设计温度－20～50℃、容器类别为三类，如图综-1 所示。检验标准为 GB 150—1998《钢制压力容器》和《压力容器安全技术监察规程》。检验项目包括钢板超声波检测，罐体形状、尺寸检验，焊缝内、外部无损检测及压力试验等。

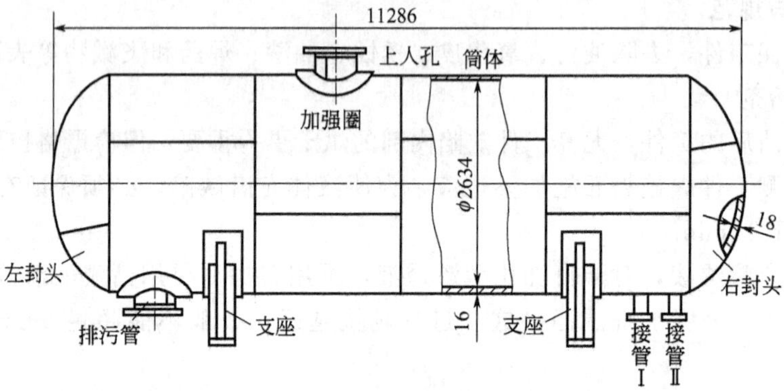

图综-1 50m³ 液化石油气贮罐示意图

一、钢板的超声波检测

16MnR 钢板应逐张进行超声波检测。检测前须清理表面和去除氧化皮、锈蚀油污等。选用 A 型显示脉冲反射式超声波检测仪，单直探头，频率 2.5MHz，探头与工件直接耦合。检测前应调节好灵敏度，检测结果按 ZBJ 74003—88《压力容器用钢板超声波检测》的质量等级规定不低于Ⅲ级。

二、贮罐尺寸和形状的检验

1. 筒体尺寸和形状的检验

（1）对口错边量 A 类焊缝对口错边量 $b \leqslant 3$mm；B 类焊缝对口错边量 $b \leqslant 4.5$mm。

（2）棱角 用弦长为 440mm 的内样板或外样板检查环向形成的棱角 $E < 3.8$mm；用长度不小于 300mm 的检查尺检查轴向形成的棱角 $E < 3.8$mm。

2. 封头尺寸和形状的检验

（1）最小厚度 封头冲压成型后的最小厚度不小于 17.2mm。

（2）形状偏差 用弦长不小于 1976mm 的内样板检查封头内表面的形状偏差，其最大间隙不得大于 33mm。即按 GB 150—1998《钢制压力容器》规定，内样板弦长不小于封头设计内径（ϕ2643mm）的 3/4，最大间隙不大于封头设计内径（ϕ2643mm）的 1.25%，且该部位不应是突变的。注意检查偏差时应使样板垂直于表面进行测量，且允许避开焊缝部位。

3. 整体贮罐尺寸和形状的检验

① 贮罐筒体的圆度。筒体同一截面上最大内径与最小内径之差 e 不大于 25mm。当被检截面位于开孔处或离中心一倍于孔径范围内时，该截面最大内径与最小内径之差 e 不大

于 25mm。

② 贮罐直线度。贮罐长度 $H=11.286$m，圆筒的直线度允差 $\Delta l\leqslant 20$mm（$H<20$mm 的容器长度）。

③ 相邻 A 类焊缝的距离。组装时，相邻圆筒上 A 类焊缝的距离或封头上 A 类焊缝的端头与其相邻圆筒上 A 类焊缝的距离不应小于 100mm。

④ 贮罐上凡被补强圈、支座、垫板等覆盖的焊缝，均应打磨至与母材齐平。

⑤ 机械损伤的修磨。严重的尖锐伤痕应修磨，并使修磨范围内的斜度至少为 3∶1；修磨处的深度不得超过 0.9mm，如超出，允许焊补。

三、焊缝的检验

1. 焊缝外观检查

（1）焊缝余高　罐体上 A、B 类焊缝均采用埋弧自动焊。根据筒体壁厚为 16mm，封头壁厚为 18mm，内、外焊缝的熔深基本相同，则焊缝余高应≤4mm。接管、补强圈与筒体、封头焊接的角缝等 C、D 类焊缝，焊脚高度为 0.7δ，即筒体上为 12mm，封头上为 13mm。

（2）焊缝表面缺陷　焊缝表面不得有裂纹、气孔、弧坑和夹渣等缺陷，且不允许有焊渣和飞溅物。

（3）焊缝的几何形状　C、D 类焊缝应圆滑过渡至母材。

2. 焊缝的无损检测

焊缝无损检测的内容与要求如表一所示。

表一　焊缝无损检测

项　目	内　容	说　　明
容器类别	三类	属易燃的，pV 大于 10MPa・m³ 的中压贮存容器
焊缝类别	A、B 类	必须进行 100％射线或超声波检测
	C、D 类	根据图样规定进行渗透检测
检测标准	超声波检测	JB/T 4730.3—2005《承压设备无损检测　第 3 部分：超声检测》
	射线检测	JB/T 4730.2—2005《承压设备无损检测　第 2 部分：射线检测》
	渗透检测	JB/T 4730.5—2005《承压设备无损检测　第 5 部分：渗透检测》
质量等级	A、B 类焊缝	射线检测Ⅱ级合格（JB/T 4730.2—2005《承压设备无损检测第 2 部分：射线检测》） 超声波检测Ⅰ级合格（JB/T 4730.3—2005《承压设备无损检测第 3 部分：超声检测》）
	C、D 类焊缝	渗透、检测不允许有任何裂纹和分层
无损检测依据的标准规范		GB 150—1998《钢制压力容器》 《压力容器安全技术监察规程》

四、水压试验

液化石油气贮罐采用水压试验。试验压力为 2.25MPa，保压 30min，然后将压力降至规定试验压力的 80％，并保持足够长的时间，对所有焊缝和连接部位进行检查。水压试验以不漏为合格。如有渗漏，修补后重新试验。

五、气密性试验

贮罐在经过水压试验合格后，才能进行气密性试验。按图样规定，试验压力为 1.85MPa。试验时压力应缓慢上升，达到规定试验压力后保压 10min，然后降至 1.8MPa，对所有焊缝和连接部位进行泄漏检查。如有泄漏，修补后重新进行水压试验和气密性试验。

附录一 射线透照方式

一、一般接头焊缝

图附-1 所示为对接焊缝的透照方法；图附-2(a)、(b) 所示为角接焊缝的透照方法；丁字角焊缝和十字角焊缝可按图附-3 所示进行透照；搭接和卷边角接焊缝可采用图附-4 所示进行透照，其中图附-4(a) 为搭接，图附-4(b) 为卷边接；封闭容器的角焊缝可采用图附-5

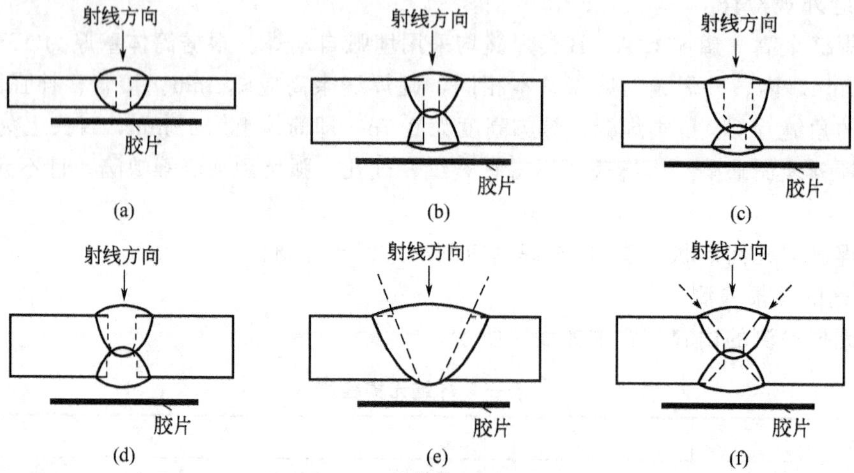

图附-1 对接焊缝的透照

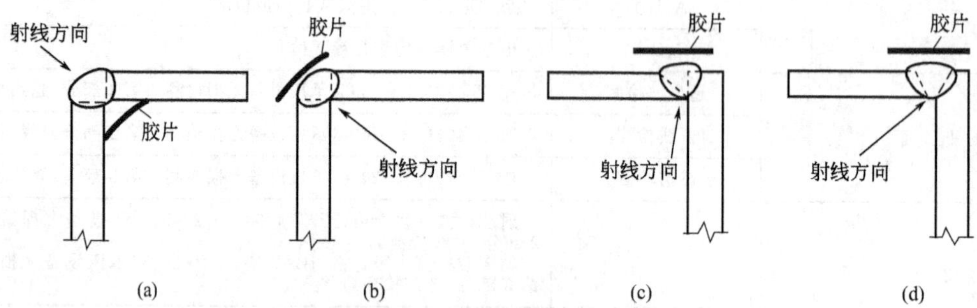

图附-2 角焊缝的透照

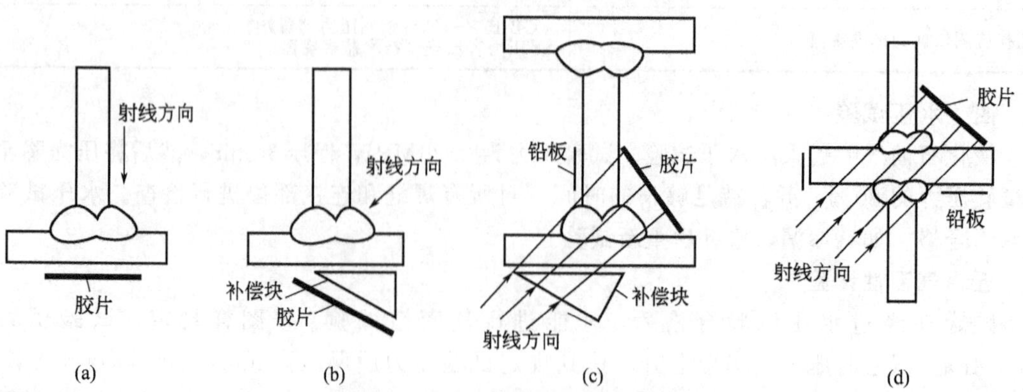

图附-3 丁字和十字接焊缝的透照

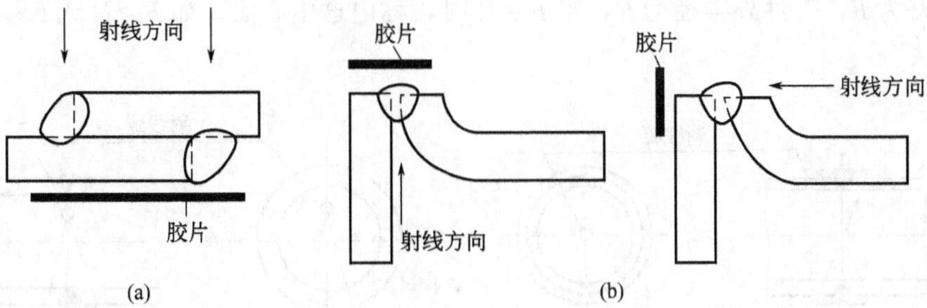

图附-4 搭接和卷边接焊缝的透照

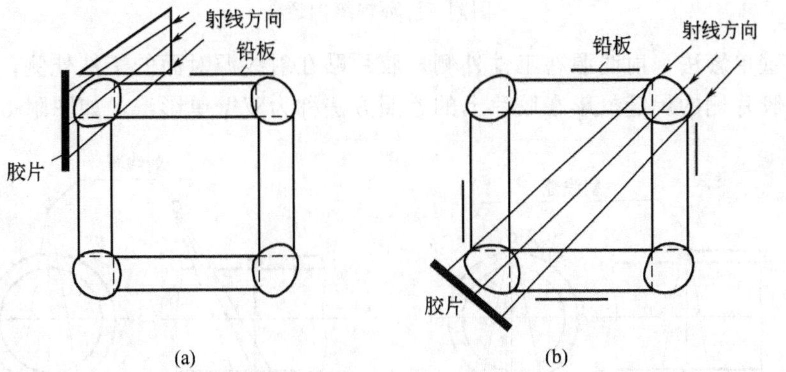

图附-5 封闭容器角焊缝的透照

的方法进行透照。

二、筒体焊缝（钢管环焊缝）

GB/T 3323—2005 规定，按射线源、工件和胶片之间的相互位置关系，筒体焊缝透照方法分纵缝透照法、环缝外透法、环缝内透法、双壁单影法和双壁双影法等五种，其中纵缝透照法同对接焊缝。钢管环焊缝的透照方法基本相同，执行标准是 GB/T 12605—1990《钢管环缝熔化焊对接接头射线透照工艺和质量分级》。

(1) 环缝外透法 射线源在工件外侧，胶片放在工件内侧，射线穿过单层壁厚对焊缝进行透照，如图附-6 所示。对于大直径并能在管内贴胶片的工件对接焊缝可采用图附-6(a) 方式进行透照。如果整圈焊缝都要检查，可采用图附-6(b) 方式分段曝光。

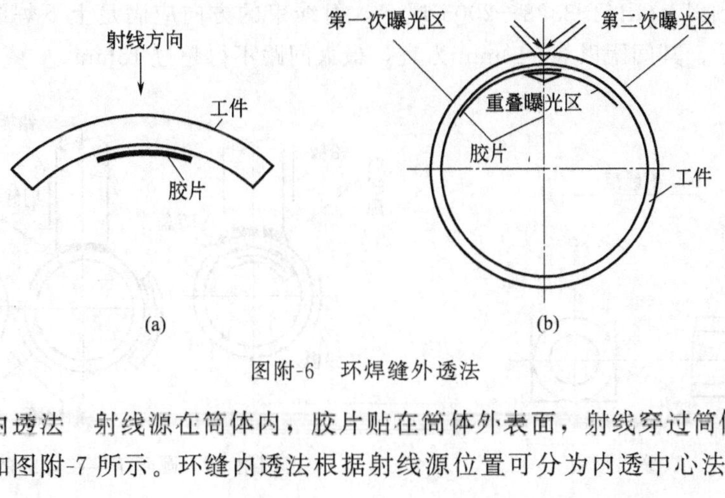

图附-6 环焊缝外透法

(2) 环缝内透法 射线源在筒体内，胶片贴在筒体外表面，射线穿过筒体单层壁厚对焊缝进行透照，如图附-7 所示。环缝内透法根据射线源位置可分为内透中心法和内透偏心法。

设透照距离为F，工件外半径为R，当$F=R$时，称内透中心法。如$F>R$或$F<R$，则称为内透偏心法。

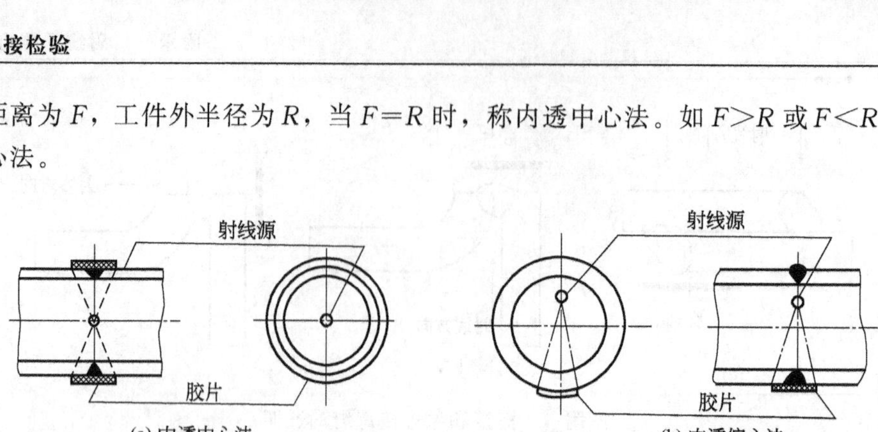

图附-7 环焊缝内透法

（3）双壁单影法 射线源在工件外侧，胶片贴在射线源对面的工件外侧，射线通过双层壁厚把贴近胶片侧的焊缝投影在胶片上的透照方法称为双壁单影法，如图附-8所示。

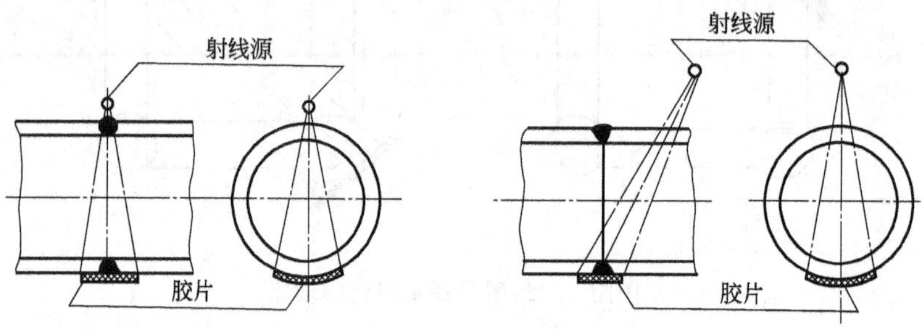

图附-8 双壁单影法

外径大于89mm的管子对接焊缝可采用此法进行分段透照。图附-8(a) 是采用垂直工件表面入射，按几何光学的原理，靠近射线源一侧的焊缝图像，由于像距和物距的比例失调而发散，不在胶片上成像。只有靠近胶片一侧的焊缝图像在胶片上成像。此法适用于外径在200mm以上的工件。对于外径小于200mm的工件，可采用图附-8(b) 所示的倾斜入射。

（4）双壁双影法 射线源在工件外侧，胶片放在射线源对面的工件外侧，射线透过双层壁厚把工件两侧都投影到胶片上的透照方法称为双壁双影法。如图附-9所示。外径小于89mm的管子对接焊缝可采用此法透照。透照时，为了避免上、下层焊缝影像重叠，射线束方向应有适当倾斜。GB/T 3323—2005规定，射线束的方向应满足上下焊缝的影像在底片上呈椭圆形显示，其间距以3～10mm为宜，最大间距不得超过15mm。

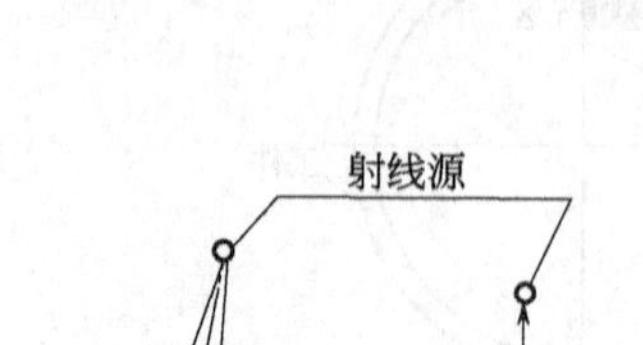

图附-9 双壁双影法

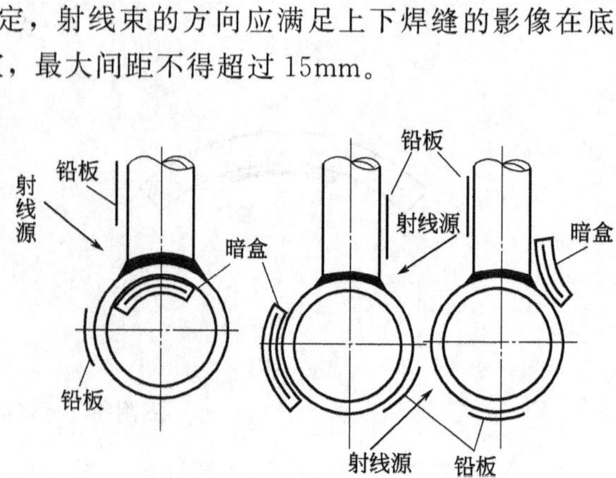

图附-10 圆管丁字接焊缝的透照

三、其他焊缝

图附-10 所示是圆管丁字接焊缝的透照方法，管座焊缝可参考图附-11 所示方法进行透照。

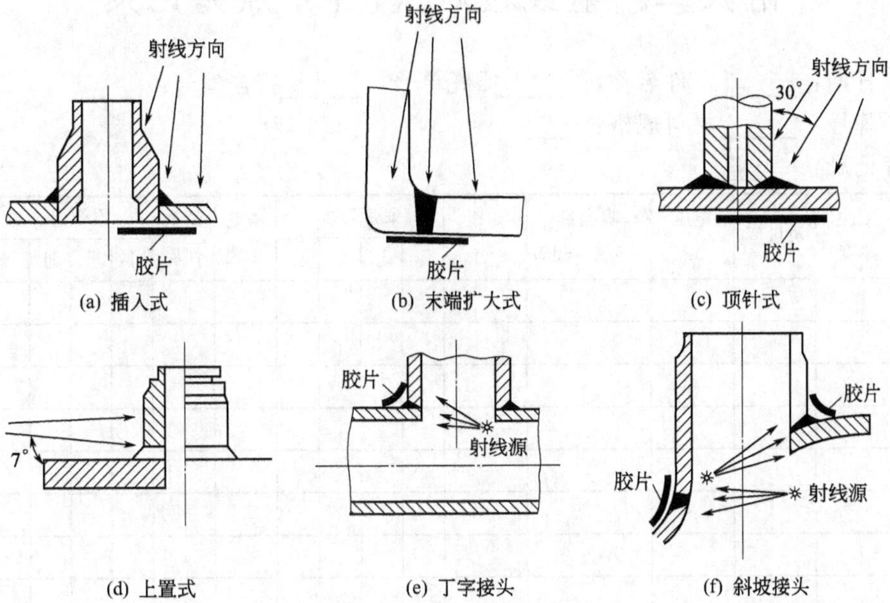

图附-11　管座焊缝的透照

附录二　射线检测（RT）原始记录

检测日期：＿＿＿＿工件名称：＿＿＿＿委托单号：＿＿＿＿报告编号：＿＿＿＿

材料牌号：＿＿＿＿材料规格：＿＿＿＿

拍片记录：＿＿＿＿

底片编号	工件厚度	灵敏度	电压/kV	曝光量/(mA·min)	焦距/mm	底片等级				缺陷位置	缺陷性质	返修记录				备　注
						Ⅰ	Ⅱ	Ⅲ	Ⅳ			Ⅰ	Ⅱ	Ⅲ	Ⅳ	

操作：＿＿＿＿＿＿暗室：＿＿＿＿＿＿评片：＿＿＿＿＿＿

注：焊口在系统中的位置应另附图表示。

附　　表

底片编号	检测材料	厚度	透照焦距	千伏或γ源	曝光时间	底片类型	增感屏类型	滤板波	缺陷类型	评级	备注

附录三 焊缝超声波检测（UT）记录

工件名称		工件编号		检验次数：○首检 ○复检1 ○复检2

检测条件：

序号	探头			反射体			基准波高满幅/%	反射体波幅/dB	传输修正/dB	检测灵敏度/dB	测深/mm
	角度(β,K)	频率/MHz	尺寸	形状	深度/mm	试块					
1											
2											
3											
4											

焊缝编号	检验区段号	检测序号	缺陷编号	缺陷位置	深度/mm	指示长度/mm	波幅/dB	评定		检验人	备注
								记录	返修		

附录四　焊缝超声波检测（UT）报告

编号：

产品名称：			令号：	
工件名称：	工件编号：		材料：	厚度：
焊缝种类：○平板　○环缝　○纵缝　○T 缝　○管座			焊接方法：	
焊缝数量：	检测面：		检测范围：　　%	
检测面状态：○修整　○轧制　○机加　○				
检验规程：	验收标准：		工艺卡编号：	
检测时机：○焊后　○热处理后　○水压试验后　○				
仪器型号：	耦合剂：○机油　○甘油　○浆糊　○水			
检测方式：○垂直　○斜角　○单探头　○双探头　○串列探头				
扫描调节：○深度　○水平　○声程		比例：	试块：	
检测部位示意图：			检测位置：↓	

检测结果及返修情况	焊接编号	检验长度	显示情况	一次返修缺陷编号	二次返修缺陷编号	说明：
			○NI○RI○UI			NI：无应记录缺陷 RI：有应记录缺陷 UI：有应返修缺陷
			○NI○RI○UI			
			○NI○RI○UI			
			○NI○RI○UI			
			○NI○RI○UI			
	检验焊缝总长　　mm，一次返修总长　　mm， 二次返修总长　　mm，同一部位经　　次返修后合格。 附：检验及复验检测记录　　页					

备注：

结论：　　○合格　　○不合格

检验：　　UT ________ 级　　审核：　　UT ________ 级

附录五 焊缝磁粉检测（MT）报告

编号：

<table>
<tr><td colspan="2">委托单位</td><td colspan="3"></td><td colspan="2">工程名称</td><td></td></tr>
<tr><td colspan="2">设备(部件)名称</td><td colspan="3"></td><td colspan="2">规格/材质</td><td></td></tr>
<tr><td colspan="2">评定标准</td><td colspan="3"></td><td colspan="2">熔焊方法</td><td></td></tr>
<tr><td rowspan="8">检测条件</td><td>检测设备</td><td></td><td colspan="5">磁痕记录(草图或照片)</td></tr>
<tr><td>磁粉种类</td><td></td><td colspan="5" rowspan="8"></td></tr>
<tr><td>磁化方法</td><td></td></tr>
<tr><td>磁场方向</td><td></td></tr>
<tr><td>磁化电流</td><td></td></tr>
<tr><td>磁场强度</td><td></td></tr>
<tr><td>磁粉施加方法</td><td></td></tr>
<tr><td>退磁情况</td><td></td></tr>
<tr><td rowspan="3">磁痕评定</td><td>灵敏度评定</td><td></td><td colspan="3">验收水平</td><td colspan="2"></td></tr>
<tr><td>线状显示</td><td></td><td></td><td></td><td></td><td></td><td></td></tr>
<tr><td>非线状显示</td><td></td><td></td><td></td><td></td><td></td><td></td></tr>
<tr><td>检测员</td><td>资格等级</td><td>评定员</td><td>资格等级</td><td rowspan="2">单位</td><td colspan="3" rowspan="2"></td></tr>
<tr><td></td><td></td><td></td><td></td></tr>
</table>

附录六　渗透检测（PT）各方法组合使用的检测步骤

渗透剂和显像剂	方法代号	检测步骤									
		预处理	渗透	乳化	清洗	去除	干燥	显像	干燥	观察	后处理
水洗型荧光渗透剂-干式显像剂	FA-D	O	O		O		O	O		O	O
水洗型荧光渗透剂或水洗型着色渗透剂-湿式显像剂	FA-W VA-W	O	O		O			O	O	O	O
水洗型荧光渗透剂或水洗型着色渗透剂-快干式显像剂	FA-S VA-S	O	O		O		O	O		O	O
水洗型荧光渗透剂-不用显像剂	FA-N	O	O		O		O			O	O
后乳化型荧光渗透剂-干式显像剂	FB-D	O	O	O	O		O	O		O	O
后乳化型荧光渗透剂-湿式显像剂	FB-W	O	O	O	O			O	O	O	O
后乳化型荧光渗透剂-快干式显像剂	FB-S	O	O	O	O		O	O		O	O
溶剂去除型荧光渗透剂-干式显像剂	FC-D	O	O			O		O		O	O
溶剂去除型荧光渗透剂或溶剂去除型着色渗透剂-湿式显像剂	FC-W VC-W	O	O			O		O	O	O	O
溶剂去除型荧光渗透剂或溶剂去除型着色渗透剂-快干式显像剂	FC-S VC-S	O	O			O	O	O		O	O
溶剂去除型荧光渗透剂-不用显像剂	FC-N	O	O			O				O	O
后乳化型着色渗透剂-干式显像剂	VB-D	O	O	O	O		O	O		O	O
后乳化型着色渗透剂-湿式显像剂	VB-W	O	O	O	O			O	O	O	O
后乳化型着色渗透剂-快干式显像剂	VB-S	O	O	O	O		O	O		O	O

注：表中“O”为选中步骤。

附录七　焊缝渗透检测（PT）报告

编号：

<table>
<tr><td colspan="2">委托单位</td><td></td><td colspan="2">工程名称</td><td></td></tr>
<tr><td colspan="2">设备名称</td><td></td><td colspan="2">规格/材质</td><td></td></tr>
<tr><td colspan="2">被检区域/表面状态</td><td></td><td rowspan="3">检测方法</td><td>渗透剂</td><td></td></tr>
<tr><td colspan="2">环境温度/℃</td><td></td><td>乳化/清洗剂</td><td></td></tr>
<tr><td colspan="2">渗透剂温度/℃</td><td></td><td>显像剂</td><td></td></tr>
<tr><td rowspan="6">操作条件</td><td>渗透时间/min</td><td></td><td rowspan="6">操作方法</td><td>预处理方法</td><td></td></tr>
<tr><td>乳化时间/min</td><td></td><td>渗透剂施加方法</td><td></td></tr>
<tr><td>清洗水压/MPa</td><td></td><td>乳化剂施加方法</td><td></td></tr>
<tr><td>(干燥温度/℃)/(时间/min)</td><td></td><td>清洗或去除方法</td><td></td></tr>
<tr><td>显像时间/min</td><td></td><td>干燥方法</td><td></td></tr>
<tr><td>观察时间/min</td><td></td><td>显像剂施加方法</td><td></td></tr>
</table>

<table>
<tr><td rowspan="2">验收标准</td><td colspan="4">验收水平</td><td rowspan="5">迹痕记录(草图或照片)</td></tr>
<tr><td></td><td></td><td></td><td></td></tr>
<tr><td></td><td></td><td></td><td></td><td></td></tr>
<tr><td>检验人员</td><td colspan="2">资格等级</td><td colspan="2">检验日期</td></tr>
<tr><td></td><td colspan="2"></td><td colspan="2"></td></tr>
</table>

附录八　焊接无损检测主要标准目录

(一) 无损检测机械行业标准目录

JB/T 4730.1—2005　承压设备无损检测　第1部分　通用要求
JB/T 4730.2—2005　承压设备无损检测　第2部分　射线检测
JB/T 4730.3—2005　承压设备无损检测　第3部分　超声检测
JB/T 4730.4—2005　承压设备无损检测　第4部分　磁粉检测
JB/T 4730.5—2005　承压设备无损检测　第5部分　渗透检测
JB/T 4730.6—2005　承压设备无损检测　第6部分　涡流检测
JB/T 5075—2004　无损检测　射线照相检测用金属增感屏
JB/T 5525—1991　涡流探伤仪　性能测试方法
JB/T 5754—1991　单通道声发射检测仪　技术条件
JB/T 6043—1992　金属电阻焊接接头缺陷分类
JB/T 6061—2007　无损检测　焊缝磁粉检测
JB/T 6062—2007　无损检测　焊缝渗透检测
JB/T 6063—2006　无损检测　磁粉检测用材料
JB/T 6064—2006　无损检测　渗透检测用试块
JB/T 6065—2004　无损检测　磁粉检测用试片
JB/T 6066—2004　无损检测　磁粉检测用环形试块
JB/T 6220—2004　射线探伤用密度计
JB/T 6870—2005　携带式旋转磁场探伤仪　技术条件
JB/T 7902—2006　无损检测　射线照相检测用线型像质计
JB/T 7903—1999　工业射线照相底片观片灯
JB/T 8428—2006　无损检测　超声检测用试块
JB/T 8931—1999　堆焊层超声波探伤方法
JB/T 9212—1999　常压钢质油罐焊缝超声波探伤
JB/T 9214—1999　A型脉冲反射式超声波系统工作性能测试方法
JB/T 9217—1999　射线照相探伤方法
JB/T 9218—2007　无损检测　渗透检测
JB/T 9402—1999　工业X射线探伤机　性能测试方法
JB/T 10061—1999　A型脉冲反射式超声探伤仪　通用技术条件
JB/T 10062—1999　超声探伤用探头　性能测试方法

(二) 无损检测国家标准目录

GB/T 3323—2005　金属熔化焊焊接接头射线照相
GB/T 4835—1984　辐射防护用携带式X、γ辐射剂量率仪和监测仪
GB/T 5097—2005　无损检测　渗透检测和磁粉检测　观察条件
GB 5294—2001　职业照射个人监测规程　外照射监测

GB/T 6417.1—2005　金属熔化焊接头缺欠分类及说明

GB/T 6417.2—2005　金属压力焊接头缺欠分类及说明

GB/T 9445—2005　无损检测　人员资格鉴定与认证

GB/T 11343—1989　接触式超声斜射探伤方法

GB/T 11345—1989　钢焊缝手工超声波探伤方法和探伤结果分级

GB/T 12604.1—2005　无损检测　术语　超声检测

GB/T 12604.2—2005　无损检测　术语　射线照相检测

GB/T 12604.3—2005　无损检测　术语　渗透检测

GB/T 12604.4—2005　无损检测　术语　声发射检测

GB/T 12605—1990　钢管环缝熔化焊对接接头射线透照工艺和质量分级

GB/T 15822.1—2005　无损检测　磁粉检测　第1部分：总则

GB/T 15822.2—2005　无损检测　磁粉检测　第2部分：检测介质

GB/T 15822.3—2005　无损检测　磁粉检测　第3部分：设备

GB/T 15830—1995　钢制管道对接环焊缝超声波探伤方法和检验结果的分级

GB/T 18851.1—2005　无损检测　渗透检测　第1部分：总则

GB/T 18851.2—2005　无损检测　渗透检测　第2部分：渗透材料的检验

GB/T 18851—2002　无损检测　渗透检验　标准试块

GB/T 18851.3—2002　无损检测　渗透检测　第3部分：参考试块（第1号修改单）

GB/T 18851.4—2005　无损检测　渗透检测　第4部分：设备

GB/T 18851.5—2005　无损检测　渗透检测　第5部分：验证方法

GB 18871—2002　电离辐射防护与辐射源安全基本标准

GB/T 19348.1—2003　无损检测　工业射线照相胶片　第1部分：工业射线照相胶片系统的分类

GB/T 19799.1—2005　无损检测　超声检测1号校准试块

GB/T 19799.2—2005　无损检测　超声检测2号校准试块

GB/T 19800—2005　无损检测　声发射检测　换能器的一级校准

GB/T 19801—2005　无损检测　声发射检测　声发射传感器的二级校准

GB/T 19802—2005　无损检测　工业射线照相观片灯　最低要求

GB/T 19803—2005　无损检测　射线照相像质计　原则与标识

GB/T 19937—2005　无损检测　渗透探伤装置　通用技术要求

GB/T 19938—2005　无损检测　焊缝射线照相和底片观察条件　像质计推荐型式的使用

GB/T 20490—2006　承压无缝和焊接（埋弧焊除外）钢管分层的超声检测

GB/T 20737—2006　无损检测　通用术语和定义

参考文献

[1] 张麦秋主编．焊接检验．北京：化学工业出版社，2002.

[2] 赵熹华主编．焊接检验．北京：机械工业出版社，2000.

[3] 闻立言，曾金传主编．焊接生产检验．北京：机械工业出版社，1998.

[4] 王朝前主编．焊接检验．哈尔滨：哈尔滨工程大学出版社，1993.

[5] 中国标准出版社，全国无损检测标准化技术委员会编．中国机械工业标准汇编：金属无损检测与探伤卷（上）．第2版．北京：中国标准出版社，2004.

[6] 中国标准出版社，全国无损检测标准化技术委员会编．中国机械工业标准汇编：金属无损检测与探伤卷（中）．第2版．北京：中国标准出版社，2005.

[7] 中国标准出版社，全国无损检测标准化技术委员会编．中国机械工业标准汇编：金属无损检测与探伤卷（下）．第2版．北京：中国标准出版社，2005.

[8] 中国特种设备检验协会组织编写，王晓雷主编．NDT全国特种设备无损检测人员资格考核统编教材：承压类特种设备无损检测相关知识．第2版．北京：中国劳动社会保障出版社，2007.

[9] JB/T 4730.1～4730.6—2005 承压设备无损检测.